주요과목 핸드북

PART **01** 산업재해 예방 및 안전보건교육   002

PART **02** 인간공학 및 위험성 평가·관리   077

PART **03** 기계·기구 및 설비 안전 관리   113

PART **04** 전기설비 안전 관리   146

PART **05** 화학설비 안전 관리   168

PART **06** 건설공사 안전 관리   193

PART 01 산업재해 예방 및 안전보건교육

제1장 산업재해예방 계획수립

1. 중대 재해 ✰✰✰

① 사망자가 1인 이상 발생한 재해
② 3개월 이상 요양을 요하는 부상자가 동시에 2인 이상 발생한 재해
③ 부상자 또는 직업성 질병자가 동시에 10인 이상 발생한 재해

2. 페일세이프(Fail safe) ✰✰✰

인간 또는 기계의 실패가 있어도 안전사고를 발생시키지 않도록 2중, 3중 통제를 가함
① 페일세이프(Fail safe) : 기계의 고장이 있어도 안전사고를 발생시키지 않도록 2중, 3중 통제를 가함
② 풀–프루프(Fool proof) : 인간의 실수가 있어도 안전사고를 발생시키지 않도록 2중, 3중 통제를 가함

3. 하인리히 사고방지 5단계 ✰✰

1단계 : 안전조직	• 안전목표 설정 • 안전조직 구성 • 조직을 통한 안전 활동 전개	• 안전관리자의 선임 • 안전활동 방침 및 계획수립
2단계 : 사실의 발견	• 작업분석 • 사고조사	• 점검 • 안전진단
3단계 : 분석	• 사고원인 및 경향성 분석 • 사고기록 및 관계자료 분석	• 작업공정 분석 • 인적·물적 환경 조건 분석
4단계 : 시정방법 선정	• 기술적 개선 • 교육훈련 분석 • 배치 조정	• 안전운동 전개 • 안전행정의 개선 • 규칙 및 수칙 등 제도의 개선
5단계 : 시정책 적용(3E 적용)	• 안전교육(Education) • 안전독려(Enforcement)	• 안전기술(Engineering)

4. 하인리히(H. W. Heinrich) 사고발생 도미노 5단계

1단계	선천적 결함(사회, 환경, 유전적 결함)
2단계	개인적 결함
3단계	불안전 행동(인적 결함), 불안전한 상태(물적 결함) : 제거 가능
4단계	사고
5단계	재해(상해)

5. 버드(Frank. E. Bird)의 연쇄성이론 5단계

1단계	2단계	3단계	4단계	5단계
제어 부족 (관리 부재)	기본 원인 (기원)	직접 원인 (징후)	사고(접촉)	상해(손실)

6. 아담스(Edward Adams) 연쇄성이론 5단계

1단계	2단계	3단계	4단계	5단계
관리구조	작전적 에러	전술적 에러	사고	상해

7. 자베타키스(Micheal Zabetakis)의 이론

1단계	2단계	3단계
안전정책과 결정	개인적인 요소	환경적 요소

8. 웨버의 연쇄성 이론

1단계	2단계	3단계	4단계	5단계
사회적 환경 및 유전적 요소 (유전과 환경)	인간의 결함 (개인적 결함)	불안전 행동 및 상태	사고	상해

9. 사고빈도법칙

(1) 하인리히 1 : 29 : 300의 법칙 : 총 330건의 사고를 분석했을 때

중상 또는 사망 : 1건

경상해 : 29건

무상해사고(물적 손실) : 300건이 발생함을 의미한다.

(2) 버드의 1 : 10 : 30 : 600의 법칙 : 총 641건의 사고를 분석했을 때
중상 또는 폐질 : 1건
경상해 : 10건
무상해사고(물적 손실) : 30건
무상해, 무사고(위험 순간) : 600건이 발생함을 의미한다.

10. J·H Harvey(하비)의 3E

① 안전 교육(Education)
② 안전 기술(Engineering)
③ 안전 독려(Enforcement)(강제, 관리, 규제, 감독)

11. 3S

① 단순화(Simplification) ② 표준화(Standardization)
③ 전문화(Specification) ④ 총합화(Synthesization) → 4S

12. 안전관리 4-Cycle(P-D-C-A)

1단계	2단계	3단계	4단계
계획(Plan)	실시(Do)	검토(check)	조치(Action)

13. 인간에러(휴먼 에러)의 배후요인(4M)

① Man(인간) : 본인 외의 사람, 직장의 인간관계 등
② Machine(기계) : 기계, 장치 등의 물적 요인
③ Media(매체) : 작업정보, 작업 방법 등
④ Management(관리) : 작업관리, 법규준수, 단속, 점검 등

14. 무재해 운동의 3대 원칙

① 무(無)의 원칙(ZERO의 원칙) : 사업장 내의 모든 잠재위험요인을 적극적으로 사전에 발견하고 파악·해결함으로써 산업재해의 근원적인 요소들을 없앤다는 것을 의미한다.
② 선취의 원칙(안전제일의 원칙) : 사업장 내에서 행동하기 전에 잠재위험요인을 발견하고 파악·해결하여 재해를 예방하는 것을 의미한다.
③ 참가의 원칙(참여의 원칙) : 작업에 따르는 잠재위험요인을 발견하고 파악·해결하기 위하여 전원이 일치 협력하여 각자의 위치에서 적극적으로 문제해결을 하겠다는 것을 의미한다.

(1) 무재해 운동의 3요소 ✭✭
　① 최고 경영자의 경영자세
　② 라인관리자에 의한 안전보건 추진
　③ 직장의 자주 안전 활동 활성화

15. 무재해 소집단활동

(1) 브레인스토밍(Brain storming)의 4원칙 ✭✭
인간의 잠재의식을 일깨워 자유로이 아이디어를 개발하자는 토의식 아이디어 개발 기법이다.

비판금지	좋다, 나쁘다 비판은 하지 않는다.
자유분방	마음대로 자유로이 발언한다.
대량발언	무엇이든 좋으니 많이 발언한다.
수정발언	타인의 생각에 동참하거나 보충 발언해도 좋다.

(2) T.B.M(Tool Box Meeting) : 즉시 적응법 ✭ (단시간 미팅 즉시 적응훈련)
　① 재해를 방지하기 위해 현장에서 그때그때의 상황에 맞게 적응하여 실시하는 활동으로 단시간 미팅 즉시 적응훈련이라 한다.
　② 작업 전, 종료 시 5~10분간 작업자 3~5인이 조를 이뤄 작업 시 위험요소에 대하여 말하는 방식이다.

(3) 안전 확인 5지 운동
　① 모지(마음)　　　　　　② 시지(복장)
　③ 중지(규정)　　　　　　④ 약지(정비)
　⑤ 새끼손가락(확인)

(4) 개선의 4원칙(ECRS)
　① Eliminate : 생략과 배제의 원칙
　　불필요한 공정이나 작업의 배제, 생략(모든 개선에 있어서 가장 먼저 생각하고 적용할 것이 요구되는 원칙)
　② Combine : 결합과 분리의 원칙
　　공정이나 공구, 부품 등의 결합으로 간단하고 단순화된 형태로 접근

③ Rearrange : 재편성과 재배열의 원칙
  공정, 작업 순서의 변경, 재배열
④ Simplify : 단순화의 원칙
  공정, 작업 수단, 방법 등을 간단하고 용이하게 하거나 이동거리를 짧게, 중량을 가볍게 하는 등의 단순화

(5) 5C운동 ✖
  ① **복장단정**(Correctness)   ② **정리정돈**(Clearance)
  ③ **청소청결**(Cleaning)   ④ **점검확인**(Checking)
  ④ **전심전력**(Concentration)

16. 위험예지 훈련 4단계 ✖✖

1단계 : 현상 파악	• 어떤 위험이 잠재하고 있는가? • 전원이 대화로써 도해 상황속의 잠재위험요인을 발견하고 그 요인이 초래할 수 있는 사고를 생각해내는 단계
2단계 : 요인조사 (본질추구)	• 이것이 위험의 포인트다. • 발견해 낸 위험 중 가장 위험한 것을 합의로서 결정하는 단계
3단계 : 대책수립	• 당신이라면 어떻게 할 것인가? • 중요위험요인을 해결하기 위한 대책을 세우는 단계
4단계 : 행동목표 설정 (합의요약)	• 우리들은 이렇게 하자! • 대책 중 중점 실시항목을 합의 요약해서 그것을 실천하기 위한 행동목표를 설정하는 단계

17. 안전보건관리조직

(1) **라인형(Line) or 직계형** ✖✖
  ① **소규모 사업장**(100명 이하 사업장)에 적용이 가능하다.
  ② 라인형 장점 : **명령 및 지시가 신속, 정확**하다.
  ③ 라인형 단점 : **안전정보가 불충분**하며 라인에 과도한 책임이 부여될 수 있다.
  ④ 생산과 안전을 동시에 지시하는 형태

(2) **스태프형(staff) or 참모형** ✖✖
  ① **중규모 사업장**(100 ~ 1,000명 정도의 사업장)에 적용이 가능하다.
  ② 스태프형 장점 : **안전정보 수집이 용이하고 빠르다.**
  ③ 스태프형 단점 : **안전과 생산을 별개로 취급**한다.

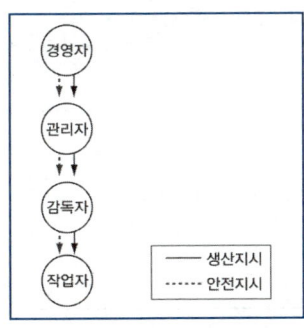

[라인형(Line) or 직계형]

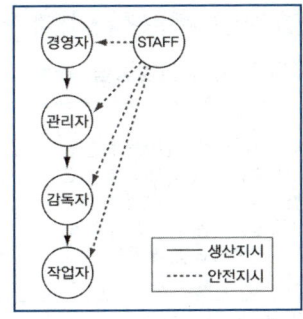

[스태프형(staff) or 참모형]

(3) 라인 스태프형(Line Staff) or 혼합형 ✪✪

① 대규모 사업장(1,000명 이상 사업장)에 적용이 가능하다.
② 라인 스태프형 장점
　㉠ 안전전문가에 의해 입안된 것을 경영자가 명령하므로 **명령이 신속, 정확하다.**
　㉡ 안전정보 수집이 용이하고 **빠르다.**
③ 라인 스태프형 단점
　㉠ **명령계통과 조언, 권고적 참여의 혼돈이 우려된다.**
　㉡ 스태프의 **월권행위**가 우려되고 지나치게 스태프에게 의존할 수 있다.

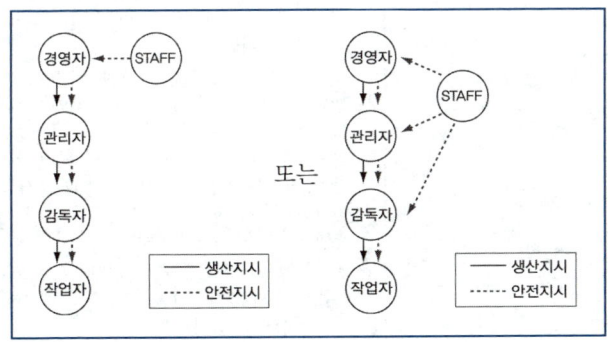

18. 법상 안전 보건 조직 체계

(1) 안전관리자의 선임방법 ☆☆

① 토사석 광업 ② 서적, 잡지 및 기타 인쇄물 출판업, 폐기물 수집·운반·처리 및 원료 재생업, 환경 정화 및 복원업, 운수 및 창고업, 자동차 종합 수리업, 자동차 전문 수리업, 발전업 ③ 대부분의 제조업	- 상시 근로자 50명 이상 500명 미만 : 1명 이상 - 상시 근로자 500명 이상 : 2명 이상
① 우편 및 통신업 ② 전기, 가스, 증기 및 공기조절공급업 (발전업은 제외한다) ③ 도매 및 소매업 ④ 숙박 및 음식점업 ⑤ 공공행정(청소, 시설관리, 조리 등 현업업무에 종사하는 사람으로서 고용노동부장관이 정하여 고시하는 사람으로 한정한다) ⑥ 교육서비스업 중 초등·중등· 고등 교육기관, 특수학교·외국인 학교 및 대안학교(청소, 시설관리, 조리 등 현업업무에 종사하는 사람으로서 고용노동부장관이 정하여 고시하는 사람으로 한정한다) ⑦ 농업, 임업 및 어업 등	- 상시 근로자 50명 이상 1,000명 미만 : 1명 (다만, 부동산업(부동산 관리업은 제외한다)과 사진처리업의 경우에는 상시근로자 100명 이상 1천명 미만으로 한다) - 상시 근로자 1,000명 이상 : 2명
건설업	- 공사금액 50억 원 이상(관계수급인은 100억 원 이상) 120억 원 미만 (토목공사업의 경우에는 150억 원 미만) 또는 공사금액 120억 원 이상(토목공사업의 경우에는 150억 원 이상) 800억 원 미만 : 1명 이상 - 공사금액 800억 원 이상 1,500억 원 미만 : 2명 이상(다만, 전체 공사기간을 100으로 할 때 공사 시작에서 15에 해당하는 기간과 공사 종료 전의 15에 해당하는 기간 동안은 1명 이상으로 한다) - 공사금액 1,500억 원 이상 2,200억 원 미만 : 3명 이상 (다만, 전체 공사기간 중 전·후 15에 해당하는 기간은 2명 이상으로 한다) - 공사금액 2,200억 원 이상 3천억 원 미만 : 4명 이상 (다만, 전체 공사기간 중 전·후 15에 해당하는 기간은 2명 이상으로 한다) - 공사금액 3천억 원 이상 3,900억 원 미만 : 5명 이상 (다만, 전체 공사기간 중 전·후 15에 해당하는 기간은 3명 이상으로 한다)

건설업	- 공사금액 3,900억 원 이상 4,900억 원 미만 : 6명 이상 (다만, 전체 공사기간 중 전·후 15에 해당하는 기간은 3명 이상으로 한다) - 공사금액 4,900억 원 이상 6천억 원 미만 : 7명 이상(다만, 전체 공사기간 중 전·후 15에 해당하는 기간은 4명 이상으로 한다) - 공사금액 6천억 원 이상 7,200억 원 미만 : 8명 이상. (다만, 전체 공사기간 중 전·후 15에 해당하는 기간은 4명 이상으로 한다) - 공사금액 7,200억 원 이상 8,500억 원 미만 : 9명 이상. (다만, 전체 공사기간 중 전·후 15에 해당하는 기간은 5명 이상으로 한다) - 공사금액 8,500억 원 이상 1조 원 미만 : 10명 이상. (다만, 전체 공사기간 중 전·후 15에 해당하는 기간은 5명 이상으로 한다) - 1조 원 이상 : 11명 이상[매 2천억 원(2조원 이상부터는 매 3천억 원)마다 1명씩 추가한다]. 다만, 전체 공사기간 중 전·후 15에 해당하는 기간은 선임 대상 안전관리자 수의 2분의 1(소수점 이하는 올림한다) 이상으로 한다)

(2) 선임대상 ✖✖

안전관리자 (전담)	① 상시근로자 300인 이상 사업장 ② 건설업 : 공사금액 120억 원(토목공사 : 150억 원) 이상인 사업장
산업안전 보건위원회	① 상시근로자 50인 이상 사업장부터 ② 건설업 : 공사금액 120억 원(토목공사 : 150억 원) 이상인 사업장
노사협의체	공사금액 120억 원(토목공사 : 150억 원) 이상인 건설업(도급사업의 경우)
안전보건 관리책임자	① 상시근로자 50인 이상 사업장부터 ② 총 공사금액 20억 원 이상인 건설업
안전보건 총괄책임자	① 관계수급인 포함 상시근로자 100명 이상(선박 및 보트 건조업, 1차 금속 제조업 및 토사석 광업 50명)인 사업 ② 관계수급인 포함 공사금액 20억 원 이상인 건설업
안전보건 관리담당자	상시근로자 20명 이상 50명 미만인 사업장 1. 제조업 2. 임업 3. 하수, 폐수 및 분뇨 처리업 4. 폐기물 수집, 운반, 처리 및 원료 재생업 5. 환경 정화 및 복원업 제임! - 재 임용하자. 하·폐수, 분뇨 폐기하고 원료 재생하여 환경 정화·복원 담당자(안전보건관리담당자)
안전보건 조정자	각 건설공사의 금액의 합이 50억 원 이상인 경우로서 2개 이상의 건설공사가 같은 장소에서 행해지는 경우

(3) 산업안전보건위원회를 설치 · 운영해야 할 사업의 종류 및 규모 ✦✦

사업의 종류	규모
1. 토사석 광업 2. 목재 및 나무제품 제조업 ; 가구제외 3. 화학물질 및 화학제품 제조업 ; 의약품 제외(세제, 화장품 및 광택제 제조업과 화학섬유 제조업은 제외한다) 4. 비금속 광물제품 제조업 5. 1차 금속 제조업 6. 금속가공제품 제조업 ; 기계 및 가구 제외 7. 자동차 및 트레일러 제조업 8. 기타 기계 및 장비 제조업(사무용 기계 및 장비 제조업은 제외한다) 9. 기타 운송장비 제조업(전투용 차량 제조업은 제외한다) **실생이 되고! 합격이 되는! 특급 암기법** **토사석 광업에서 캔 1차금속으로 금속가공제품, 비금속 광물제품 제조하여 나무, 화학물질 섞어서 기계장비, 자동차 트레일러 만들어 운송장비 위원회(산업안전보건위원회) 열자. ✦✦✦**	상시 근로자 50명 이상
10. 농업 11. 어업 12. 소프트웨어 개발 및 공급업 13. 컴퓨터 프로그래밍, 시스템 통합 및 관리업 13의 2. 영상 · 오디오물 제공 서비스업 14. 정보서비스업 15. 금융 및 보험업 16. 임대업 ; 부동산 제외 17. 전문, 과학 및 기술 서비스업(연구개발업은 제외한다) 18. 사업지원 서비스업 19. 사회복지 서비스업	상시 근로자 300명 이상
20. 건설업	공사금액 120억 원 이상 (토목공사업 : 150억 원 이상)
21. 제1호부터 제20호까지의 사업을 제외한 사업	상시 근로자 100명 이상

(4) 산업안전보건위원회 및 노사협의체의 심의 · 의결 사항 ✦

① 산업재해 예방계획의 수립에 관한 사항
② 안전보건관리규정의 작성 및 변경에 관한 사항
③ 근로자의 안전 · 보건교육에 관한 사항
④ 작업환경측정 등 작업환경의 점검 및 개선에 관한 사항

⑤ 근로자의 건강진단 등 **건강관리**에 관한 사항
⑥ **중대재해의 원인 조사 및 재발 방지대책 수립**에 관한 사항
⑦ 산업재해에 관한 통계의 기록 및 유지에 관한 사항
⑧ 유해하거나 위험한 기계·기구·설비를 도입한 경우 **안전·보건조치에 관한 사항**
⑨ 그 밖에 해당 사업장 근로자의 안전 및 보건을 유지·증진시키기 위하여 필요한 사항

[산업안전보건위원회와 노사협의체 ☆☆☆]

구성		운영	
산업안전보건위원회	노사협의체	산업안전보건위원회	노사협의체
1. 근로자위원 ① 근로자대표 ② 근로자대표가 지명하는 1명 이상의 명예산업안전감독관 ③ 근로자대표가 지명하는 9명 이내의 해당 사업장의 근로자	1. 근로자위원 ① 도급 또는 하도급 사업을 포함한 전체 사업의 근로자대표 ② 근로자대표가 지명하는 명예산업안전감독관 1명 (다만, 명예산업안전감독관이 위촉되어 있지 아니한 경우에는 근로자대표가 지명하는 해당 사업장 근로자 1명) ③ 공사금액이 20억 원 이상인 공사의 관계수급인의 근로자대표	1. 정기회의 : 분기마다 2. 임시회의 : 위원장이 필요하다 인정할 때	1. 정기회의 : 2개월마다 2. 임시회의 : 위원장이 필요하다 인정 할 때
2. 사용자위원 ① 해당 사업의 대표자 ② 안전관리자 1명 ③ 보건관리자 1명 ④ 산업보건의 ⑤ 사업의 대표자가 지명하는 9명 이내의 해당 사업장 부서의 장	2. 사용자위원 ① 도급 또는 하도급 사업을 포함한 전체 사업의 대표자 ② 안전관리자 1명 ③ 보건관리자 1명 (보건관리자 선임 대상 건설업으로 한정) ④ 공사금액이 20억 원 이상인 공사의 관계수급인의 사업주		

서류 보존 기간
산업안전보건위원회 및 노사협의체에 따른 회의록 : 2년

(5) 도급사업 시의 산업재해를 예방하기 위한 조치 ☆

① 도급인과 수급인을 구성원으로 하는 안전 및 보건에 관한 협의체의 구성 및 운영
② 작업장 순회점검

2일에 1회 이상	① 건설업 ② 제조업 ③ 토사석 광업 ④ 서적, 잡지 및 기타 인쇄물 출판업 ⑤ 음악 및 기타 오디오물 출판업 ⑥ 금속 및 비금속 원료 재생업
1주일에 1회 이상	그 밖의 사업

③ 관계수급인이 근로자에게 하는 안전보건교육을 위한 장소 및 자료의 제공 등 지원
④ 관계수급인이 근로자에게 하는 안전보건교육의 실시 확인
⑤ 경보체계 운영과 대피방법 등 훈련
⑥ 수급인에게 위생시설 설치 등을 위하여 필요한 장소의 제공 또는 도급인이 설치한 위생시설 이용의 협조

(6) 도급금지 작업

작업을 도급하여 자신의 사업장에서 수급인의 근로자가 작업을 하도록 해서는 아니 되는 작업(도급금지 작업) ☆
① 도금작업 ② 수은, 납 또는 카드뮴을 제련, 주입, 가공 및 가열하는 작업 ③ 허가대상물질을 제조하거나 사용하는 작업

19. 안전보건 조직의 안전직무

(1) 안전보건총괄책임자의 직무 ☆☆☆

① 산업재해가 발생할 급박한 위험이 있을 때 및 중대재해가 발생하였을 때의 작업의 중지
② 도급 시 산업재해 예방 조치
③ 산업안전보건관리비의 관계수급인 간의 사용에 관한 협의·조정 및 그 집행의 감독
④ 안전인증대상 기계 등과 자율안전확인대상 기계 등의 사용 여부 확인
⑤ 위험성평가의 실시에 관한 사항

(2) 안전보건관리책임자 직무 ✄✄✄✄
① 산업재해 예방계획의 수립에 관한 사항
② 안전보건관리규정의 작성 및 변경에 관한 사항
③ 근로자의 안전·보건교육에 관한 사항
④ 작업환경 측정 등 작업환경의 점검 및 개선에 관한 사항
⑤ 근로자의 건강진단 등 건강관리에 관한 사항
⑥ 산업재해의 원인 조사 및 재발 방지대책 수립에 관한 사항
⑦ 산업재해에 관한 통계의 기록 및 유지에 관한 사항
⑧ 안전장치 및 보호구 구입 시 적격품 여부 확인에 관한 사항
⑨ 위험성평가의 실시에 관한 사항
⑩ 근로자의 위험 또는 건강장해의 방지에 관한 사항

(3) 안전관리자 직무 ✄✄✄
① 사업장 안전교육계획의 수립 및 안전교육 실시에 관한 보좌 및 조언·지도
② 사업장 순회점검·지도 및 조치의 건의
③ 산업재해 발생의 원인 조사·분석 및 재발 방지를 위한 기술적 보좌 및 조언·지도
④ 산업재해에 관한 통계의 유지·관리·분석을 위한 보좌 및 조언·지도
⑤ 안전인증대상 기계·기구 등과 자율안전 확인대상 기계·기구 등 구입 시 적격품의 선정에 관한 보좌 및 조언·지도
⑥ 위험성평가에 관한 보좌 및 조언·지도
⑦ 안전에 관한 사항의 이행에 관한 보좌 및 조언·지도
⑧ 산업안전보건위원회 또는 노사협의체, 안전보건관리규정 및 취업규칙에서 정한 직무
⑨ 업무수행 내용의 기록·유지
⑩ 그 밖에 안전에 관한 사항으로서 노동부장관이 정하는 사항

(4) 안전보건관리담당자 직무 ✄✄✄
① 안전·보건교육 실시에 관한 보좌 및 조언·지도
② 위험성평가에 관한 보좌 및 조언·지도
③ 작업환경측정 및 개선에 관한 보좌 및 조언·지도
④ 건강진단에 관한 보좌 및 조언·지도
⑤ 산업재해 발생의 원인 조사, 산업재해 통계의 기록 및 유지를 위한 보좌 및 조언·지도
⑥ 산업안전·보건과 관련된 안전장치 및 보호구 구입 시 적격품 선정에 관한 보좌 및 조언·지도

(5) 관리감독자 직무 ☆☆☆
① 기계·기구 또는 설비의 안전·보건 점검 및 이상 유무의 확인
② 근로자의 작업복·보호구 및 방호장치의 점검과 그 착용·사용에 관한 교육·지도
③ 산업재해에 관한 보고 및 이에 대한 응급조치
④ 작업장 정리·정돈 및 통로확보에 대한 확인·감독
⑤ 산업보건의, 안전관리자(안전관리전문기관의 해당 사업장 담당자) 및 보건관리자(보건관리전문기관의 해당 사업장 담당자), 안전보건관리담당자(안전관리전문기관 또는 보건관리전문기관의 해당 사업장 담당자)의 지도·조언에 대한 협조
⑥ 위험성평가를 위한 유해·위험요인의 파악 및 개선조치의 시행에 대한 참여
⑦ 그 밖에 해당 작업의 안전·보건에 관한 사항으로서 고용노동부령으로 정하는 사항

(6) 안전보건조정자의 업무
① 같은 장소에서 행하여지는 각각의 공사 간에 혼재된 작업의 파악
② 혼재된 작업으로 인한 산업재해 발생의 위험성 파악
③ 혼재된 작업으로 인한 산업재해를 예방하기 위한 작업의 시기·내용 및 안전보건조치 등의 조정
④ 각각의 공사 도급인의 안전보건관리책임자 간 작업 내용에 관한 정보 공유 여부의 확인

(7) 산업안전보건위원회(노사협의체) 심의·의결사항과 안전보건관리책임자 직무 비교

산업안전 보건위원 회의 심의·의결 사항 (노사협의체의 심의·의결 사항) ☆☆☆	① 산업재해 예방계획의 수립에 관한 사항 ② 안전보건관리규정의 작성 및 변경에 관한 사항 ③ 근로자의 안전·보건교육에 관한 사항 ④ 작업환경측정 등 작업환경의 점검 및 개선에 관한 사항 ⑤ 근로자의 건강진단 등 건강관리에 관한 사항 ⑥ 중대재해의 원인 조사 및 재발 방지대책 수립에 관한 사항 ☆ ⑦ 산업재해에 관한 통계의 기록 및 유지에 관한 사항 ☆ ⑧ 유해하거나 위험한 기계·기구와 그 밖의 설비를 도입한 경우 안전·보건조치에 관한 사항
안전보건 관리책임자 직무 ☆☆☆	① 산업재해 예방계획의 수립에 관한 사항 ② 안전보건관리규정의 작성 및 변경에 관한 사항 ③ 근로자의 안전·보건교육에 관한 사항 ④ 작업환경의 점검 및 개선에 관한 사항 ⑤ 근로자의 건강진단 등 건강관리에 관한 사항 ⑥ 산업재해의 원인 조사 및 재발 방지대책 수립에 관한 사항 ⑦ 산업재해에 관한 통계의 기록 및 유지에 관한 사항 ⑧ 안전장치 및 보호구 구입 시 적격품 여부 확인에 관한 사항 ⑨ 위험성평가의 실시에 관한 사항 ⑩ 근로자의 위험 또는 건강장해의 방지에 관한 사항

20. 안전관리규정의 작성 등 ☆☆

① 안전보건관리규정을 작성하여야 할 사업은 **상시 근로자 100명 이상을 사용하는 사업**으로 한다.
② 안전관리규정의 포함사항
    ㉠ 안전 · 보건 관리조직과 그 직무에 관한 사항
    ㉡ 안전 · 보건교육에 관한 사항
    ㉢ 작업장 안전 및 보건관리에 관한 사항
    ㉣ 사고 조사 및 대책 수립에 관한 사항
    ㉤ 그 밖에 안전 · 보건에 관한 사항

21. 안전보건 개선계획 작성대상 사업장 ☆☆☆

① 산업재해율이 같은 업종의 규모별 **평균 산업재해율보다 높은 사업장**
② 사업주가 안전보건조치의무를 이행하지 아니하여 중대재해가 발생한 사업장
③ 직업성 질병자가 연간 2명 이상 발생한 사업장
④ 유해인자의 노출기준을 초과한 사업장

> 평균보다 높으면 개선계획! 중대재해 발생하면 개선계획!
> 직업성 질병자 2명, 노출기준 초과하면 개선계획!

🔍 비교합시다! ☆☆

안전 · 보건 진단을 받아 안전보건개선계획을 수립 · 제출하도록 명할 수 있는 사업장

1. 산업재해율이 같은 업종 평균 산업재해율의 2배 이상인 사업장
2. 사업주가 필요한 안전조치 또는 보건조치를 이행하지 아니하여 중대재해가 발생한 사업장
3. 직업성 질병자가 연간 2명 이상(상시 근로자 1천명 이상 사업장의 경우 3명 이상) 발생한 사업장
4. 그 밖에 작업환경 불량, 화재 · 폭발 또는 누출 사고 등으로 사업장 주변까지 피해가 확산된 사업장으로서 고용노동부령으로 정하는 사업장

> 평균의 2배 이상, 직업성 질병 2명 이상(1,000명 이상 3명) 진단받아 개선!
> 중대재해 발생하면 진단받아 개선!

> **참고** 도급인의 산업재해 발생건수 등에 수급인의 산업재해 발생건수 등을 포함하여 공표하여야 하는 사업장(통합 공표대상 사업장)
>
> 도급인이 사용하는 상시근로자 수가 500명 이상인 다음 각 호의 어느 하나에 해당하는 사업장으로서 도급인 사업장의 사고사망만인율(질병으로 인한 사망재해자를 제외하고 산출한 사망만인율) 보다 관계수급인의 근로자를 포함하여 산출한 사고사망만인율이 높은 사업장을 말한다.
>
> 1. 제조업
> 2. 철도운송업
> 3. 도시철도운송업
> 4. 전기업
>
> 500명 이상의 제(제조업)철 운송(철도운송업) 도시(도시철도운송업)의 전기는 수급인 포함하여 공표

22. 안전관리자의 증원·교체임명 명령 대상 사업장 ✖✖✖✖

① 해당 사업장의 연간 재해율이 같은 업종의 평균재해율의 2배 이상인 경우
② 중대재해가 연간 2건 이상 발생한 경우(다만, 해당 사업장의 전년도 사망만인율이 같은 업종의 평균 사망만인율 이하인 경우는 제외)
③ 관리자가 질병이나 그 밖의 사유로 3개월 이상 직무를 수행할 수 없게 된 경우
④ 화학적 인자로 인한 직업성질병자가 연간 3명 이상 발생한 경우(이 경우 직업성 질병자 발생일은 요양급여의 결정일로 한다)

평균의 2배 이상, 중대재해 2건 이상 증원!
직업성 질병 3명 이상, 3개월 이상 일 안하면 교체!

23. 재해 발생건수 등 재해율 공표 대상 사업장 ✰✰✰

① 사망재해자가 연간 2명 이상 발생한 사업장
② 사망만인율(사망재해자 수를 연간 상시근로자 1만 명당 발생하는 사망재해자 수로 환산한 것)이 규모별 같은 업종의 평균 사망만인율 이상인 사업장
③ 중대산업사고가 발생한 사업장
④ 산업재해 발생 사실을 은폐한 사업장
⑤ 산업재해의 발생에 관한 보고를 최근 3년 이내 2회 이상 하지 않은 사업장

> 사망자 2명, 평균 사망만인율 이상 공표!
> 중대산업사고 발생하면 공표!
> 재해은폐, 재해보고 3년 동안 2번 이상 안하면 공표!

24. 안전진단 대상 사업장 ✰✰

① 중대재해 발생 사업장
② 안전보건개선계획 수립·시행 명령을 받은 사업장
③ 추락·폭발·붕괴 등 재해발생 위험이 현저히 높은 사업장으로서 지방노동관서의 장이 안전·보건진단이 필요하다고 인정하는 사업장

> **중대재해 발생하면 진단! 진단받아 개선계획 수립!**

25. 산업재해 발생 보고 ✖

① 사업주는 산업재해로 **사망자가 발생, 3일 이상의 휴업**이 필요한 부상 또는 질병에 걸린 자가 발생 시 산업재해가 발생한 날부터 **1개월 이내**에 산업재해조사표를 작성, 관할 **지방고용노동관서장에게 제출**하여야 한다.

② 사업주는 "**중대재해**"가 발생할 때에는 **지체 없이** 다음 각 호의 사항을 관할 지방 고용 노동관서의 장에게 전화·팩스, 또는 그 밖에 적절한 방법으로 보고하여야 한다.

중대재해 발생 시 보고사항	· 발생 개요 및 피해 상황 · 조치 및 전망 · 그 밖의 중요한 사항

26. 재해발생시 조치순서 ✖

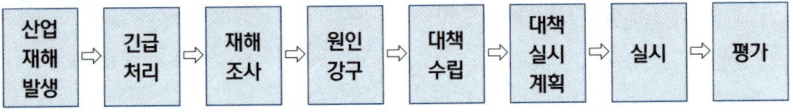

27. 재해의 직, 간접원인

(1) 직접원인 ✖✖
 ① 인적원인(불안전한 행동)   ② 물적원인(불안전한 상태)

(2) 간접원인 ✖✖
 ① 기술적 원인   ② 교육적 원인   ③ 신체적 원인
 ④ 정신적 원인   ⑤ 작업관리상 원인

28. 산업재해 발생형태(재해 발생의 매커니즘) ✖

① **단순자극형(집중형)** : 상호 자극에 의하여 순간적으로 재해가 발생하는 유형으로 재해가 일어난 장소에 그 시기에 일시적으로 요인이 집중한다는 유형이다.

② **연쇄형** : 하나의 사고 요인이 또 다른 요인을 발생시키면서 재해가 발생하는 유형이다.

③ **복합형** : 단순자극형과 연쇄형의 복합적인 발생유형이다.

29. 산업재해 예방의 4원칙 ☆☆

① 예방 가능의 원칙 : 재해는 원칙적으로 원인만 제거되면 **예방이 가능하다.**
② 손실 우연의 원칙 : 사고의 결과 생기는 상해의 종류나 정도는 사고 발생 시 사고대상의 조건에 따라 우연히 발생한다.
③ 대책 선정의 원칙 : 사고의 원인에 대한 가장 적합한 대책이 선정되어야 한다.
④ 원인 연계의 원칙 : 재해는 직접원인과 간접원인이 연계되어 일어난다.

30. 재해율의 종류 및 계산 ☆☆☆

(1) 연천인율

① 근로자 1,000명 중 재해자 수 비율(1년간)

② 연천인율 = $\dfrac{\text{연간재해자 수}}{\text{연평균 근로자 수}} \times 1,000$ ③ 연천인율 = 도수율×2.4

(2) 도수율(빈도율 F.R)

① 100만 근로시간당 요양재해 발생 건수 비율

② 도수율(빈도율) = $\dfrac{\text{재해 건수}}{\text{연 근로시간 수}} \times 1,000,000$

근로자 1인의 1년간 총 근로 시간 수 계산
8시간×300일 = 2,400시간
•1일 근로시간 8시간　　•1년 근로일수 300일

(3) 강도율(S.R)

① 1,000 근로시간 당 요양재해로 인한 근로손실일수 비율

② 강도율 = $\dfrac{\text{총 요양 근로손실일 수}}{\text{연 근로시간 수}} \times 1,000$

근로손실일수 = 휴업일수, 요양일수, 입원일수, 가료일수 × $\dfrac{300(\text{실제 근로일수})}{365}$

신체장해등급	손실일수	신체장해등급	손실일수	신체장해등급	손실일수
사망, 1,2,3급	7,500일	7급	2,200일	11급	400일
4급	5,500일	8급	1,500일	12급	200일
5급	4,000일	9급	1,000일	13급	100일
6급	3,000일	10급	600일	14급	50일

사망 및 1, 2, 3급의 근로손실 일수 계산
25년 × 300일 = 7,500일
여기서, • 근로손실 년수 : 25년   • 1년 근로일수 : 300일

(4) 종합재해지수

① 재해의 빈도의 다수와 상해정도의 강약을 나타내는 성적지표로 사용된다.

② $FSI = \sqrt{FR \times SR} = \sqrt{도수율 \times 강도율}$

(5) 환산 강도율(S)

① 일평생 근로하는 동안의 근로손실일수를 말한다.

② 환산 강도율(S) = $\dfrac{총\ 요양\ 근로손실일\ 수}{연\ 근로시간\ 수}$ × 평생근로 시간 수(100,000)

③ 환산 강도율 = 강도율 × 100

근로자 1인의 평생 근로시간수 계산
(40년 × 2,400시간) + 4,000시간 = 100,000시간
• 1인의 일평생 근로연수 : 40년   • 1년 총 근로시간 수 : 2400시간 • 일평생 잔업시간 : 4000시간

(6) 환산 도수율(F)

① 일평생 근로하는 동안의 재해건수를 말한다.

② 환산 도수율(F) = $\dfrac{재해\ 건수}{연\ 근로시간\ 수}$ × 평생근로시간수(100,000)

③ 환산 도수율 = 도수율 ÷ 10

(7) 평균강도율 = $\dfrac{강도율}{도수율} \times 1,000$

(8) 안전활동률 : 100만 시간당 안전 활동건수를 나타낸다.

안전활동률 = $\dfrac{안전\ 활동건수}{근로시간\ 수 \times 평균근로자\ 수} \times 10^6$

(9) **Safe-T-Score(세이프 티 스코어)** : 과거와 현재의 안전을 성적내어 비교, 평가하는 기법이다.

$$\text{Safe-T-Score} = \frac{\text{현재빈도율} - \text{과거빈도율}}{\sqrt{\frac{\text{과거빈도율}}{(\text{현재})\text{총근로시간수}} \times 1,000,000}}$$

① 판정
  ㉠ 계산 값이 -2 이하 : 과거보다 안전이 좋아졌다.
  ㉡ 계산 값이 -2 ~ +2 사이 : 과거와 큰 차이가 없다.
  ㉢ 계산 값이 +2 이상 : 과거보다 안전이 심각하게 나빠졌다.

(10) 사망 만인율

- 산재보험적용 근로자수 10,000명당 발생하는 사망자 수의 비율을 말한다.
- 사망만인율 $= \frac{\text{사망자수}}{\text{산재보험적용근로자수}} \times 10,000$

(11) 재해율

- 산재보험적용 근로자수 100명당 발생하는 재해자 수의 비율을 말한다.
- 재해율 $= \frac{\text{재해자수}}{\text{산재보험 적용 근로자수}} \times 100$

(12) 휴업재해율

- 임금 근로자수 100명당 발생하는 휴업 재해자 수의 비율을 말한다.
- 휴업재해율 $= \frac{\text{휴업재해자수}}{\text{임금 근로자수}} \times 100$

(13) 건설업체의 산업재해발생률 ✦✦

다음의 계산식에 따른 사고사망만인율로 산출하되, 소수점 셋째 자리에서 반올림한다.

- 사고사망만인율 (‰) $= \frac{\text{사고사망자수}}{\text{상시 근로자수}} \times 10,000$

- 상시근로자수 $= \frac{\text{연간 국내공사 실적액} \times \text{노무비율}}{\text{건설업 월평균임금} \times 12}$

31. 재해손실비의 종류 및 계산

하인리히 방식	총 재해비용 = 직접비 + 간접비 ✯✯
	(1 : 4)
	① 직접비
	  • 치료비 • 휴업급여 • 요양급여
	  • 유족급여 • 장해급여 • 간병급여
	  • 직업재활급여 • 상병(傷病)보상연금 • 장의비 등
	② 간접비
	  • 인적 손실비 • 물적 손실비
	  • 생산 손실비 • 기계·기구 손실비 등

시몬즈 방식	총 재해코스트 = 보험코스트 + 비보험코스트 ✯✯
	총 재해코스트
	= 산재보험료+(A×휴업상해 건수)+(B×통원상해 건수)
	  +(C×구급조치상해 건수)+(D×무상해 사고 건수)
	  A, B, C, D : 상수(각 재해에 대한 평균 비보험코스트)
	보험코스트 = 산재보험료
	비보험코스트 : • 휴업상해 • 통원상해
	             • 구급조치상해 • 무상해 사고

버즈의 방식	보험비용 : 비보험 재산비용 : 비보험 기타재산비용 = 1 : 50 ~ 500 : 1 ~ 3

콤패스 방식	총 재해비용 = 공동비용 + 개별비용
	① 공동비용(불변비용)
	  • 보험료 • 안전보건팀 유지비 등
	② 개별비용(가변비용)
	  • 작업중단 손실비 • 사고조사비 • 수리비용 등

32. ILO의 근로불능 상해의 구분(상해정도별 분류) ✯✯

① 사망
② 영구 전 노동불능 : 신체 전체의 노동기능 완전 상실(1~3급)
③ 영구 일부 노동불능 : 신체 일부의 노동 기능 상실(4~14급)
④ 일시 전 노동불능 : 일정기간 노동 종사 불가(휴업상해)
⑤ 일시 일부 노동불능 : 일정기간 일부노동에 종사 불가(통원상해)
⑥ 구급조치상해

33. 재해통계방법 ✯

① 파레토도 : 사고 유형, 기인물 등 데이터를 분류하여 그 항목값이 큰 순서대로 정리하여 막대그래프로 나타낸다.
② 특성요인도 : 재해와 그 요인의 관계를 어골상으로 세분화하여 나타낸다.

③ 크로스(Cross) 분석 : 2가지 또는 2개 항목 이상의 요인이 상호관계를 유지할 때 문제를 분석하는데 사용된다.
④ 관리도 : 시간 경과에 따른 재해 발생 건수 등 **대략적인 추이 파악에 사용된다.**

34. 재해사례연구 진행 단계 ✄✄

전제 조건 : 재해 상황의 파악

1단계	2단계	3단계	4단계
사실의 확인	문제점 발견	근본 문제점 결정(재해원인 결정)	대책수립

35. 상해 및 재해발생 형태 ✄✄✄

(1) 상해종류별 분류

분류항목	세부항목
① 골절	뼈가 부러진 상해
② 동상	저온물 접촉으로 생긴 동상 상해
③ 부종	국부의 혈액순환의 이상으로 몸이 퉁퉁 부어오르는 상해
④ 찔림(자상)	칼날 등 날카로운 물건에 찔린 상해
⑤ 타박상(뼘)(좌상)	타박·충돌·추락 등으로 피부표면보다는 피하조직 또는 근육부를 다친 상태
⑥ 절단(절상)	신체 부위가 절단된 상해
⑦ 중독·질식	음식물·약물·가스 등에 의한 중독이나 질식된 상해
⑧ 찰과상	스치거나 문질러서 피부가 벗겨진 상해
⑨ 베임(창상)	창·칼 등에 베인 상해
⑩ 화상	화재 또는 고온물 접촉으로 인한 상해
⑪ 뇌진탕	머리를 세게 맞았을 때 장해로 일어난 상해
⑫ 익사	물 속에 추락하여 익사한 상해
⑬ 피부병	직업과 연관되어 발생 또는 악화되는 모든 피부질환
⑭ 청력장애	청력이 감퇴 또는 난청이 된 상태
⑮ 시력장애	시력이 감퇴 또는 실명된 상해

(2) 재해 발생형태

분류항목	세부항목
떨어짐	• 높이가 있는 곳에서 사람이 떨어짐 • 사람이 인력(중력)에 의하여 건축물, 구조물, 가설물, 수목, 사다리 등의 높은 장소에서 떨어지는 것
넘어짐	• 사람이 미끄러지거나 넘어짐 • 사람이 거의 평면 또는 경사면, 층계 등에서 구르거나 넘어지는 경우
깔림·뒤집힘	• 물체의 쓰러짐이나 뒤집힘 • 기대어져 있거나 세워져 있는 물체 등이 쓰러져 깔린 경우 및 지게차 등의 건설기계 등이 운행 또는 작업 중 뒤집어진 경우
부딪힘·접촉	• 물체에 부딪힘, 접촉 • 재해자 자신의 움직임·동작으로 인하여 기인물에 접촉 또는 부딪히거나, 물체가 고정부에서 이탈하지 않은 상태로 움직임(규칙, 불규칙)등에 의하여 접촉한 경우
맞음	• 날아오거나 떨어진 물체에 맞음 • 구조물, 기계 등에 고정되어 있던 물체가 중력, 원심력, 관성력 등에 의하여 고정부에서 이탈하거나 또는 설비 등으로부터 물질이 분출되어 사람을 가해하는 경우
끼임	• 기계설비에 끼이거나 감김 • 두 물체 사이의 움직임에 의하여 일어난 것으로 직선 운동하는 물체 사이의 끼임, 회전부와 고정체 사이의 끼임, 롤러 등 회전체 사이에 물리거나 또는 회전체·돌기부 등에 감긴 경우
무너짐	• 건축물이나 쌓여진 물체가 무너짐 • 토사, 적재물, 구조물, 건축물, 가설물 등이 전체적으로 허물어져 내리거나 또는 주요 부분이 꺾어져 무너지는 경우
감전	전기설비의 충전부 등에 신체의 일부가 직접 접촉하거나 유도전류의 통전으로 근육의 수축, 호흡곤란, 심실세동 등이 발생한 경우 또는 특별고압 등에 접근함에 따라 발생한 섬락 접촉, 합선·혼촉 등으로 인하여 발생한 아크에 접촉된 경우
이상온도 접촉	고·저온 환경 또는 물체에 노출·접촉된 경우
화학물질 누출·접촉	유해·위험물질에 노출·접촉 또는 흡입한 경우를 말한다.
산소결핍	유해물질과 관련 없이 산소가 부족한 상태·환경에 노출되었거나 이물질 등에 의하여 기도가 막혀 호흡기능이 불충분한 경우
폭발·파열	건축물, 용기 내 또는 대기 중에서 물질의 화학적, 물리적 변화가 급격히 진행되어 열, 폭음, 폭발압이 동반하여 발생하는 경우를 말하며, 파열은 배관, 용기 등이 물리적인 압력에 의하여 찢어지거나 터진 경우로서 폭풍압이 동반되지 않은 경우

분류항목	세부항목
화재	가연물에 점화원이 가해져 비의도적으로 불이 일어난 경우를 말한다.
불균형 및 무리한 동작	물체의 취급 없이 일시적이고 급격한 행위·동작 등 신체동작(반응)에 의한 경우나, 물체의 취급과 관련하여 근육의 힘을 많이 사용하는 경우로서 밀기, 당기기, 지탱하기, 들어올리기, 돌리기, 잡기, 운반하기 등과 같은 행위·동작
폭력행위	의도적인 또는 의도가 불분명한 위험행위(마약, 정신질환 등)로 자신 또는 타인에게 상해를 입힌 폭력·폭행을 말하며, 협박·언어·성폭력 등을 포함한다.
절단·베임·찔림	사람과 물체 간의 직접적인 접촉에 의한 것으로서 칼 등 날카로운 물체의 취급 또는 톱·절단기 등의 회전 날 부위에 접촉되어 신체가 절단되거나 베어진 경우
빠짐·익사	수중에 빠지거나 익사한 경우
사업장 내 교통사고	사업장 내의 도로에서 발생된 교통사고
사업장 외 교통사고	사업장 외의 도로에서 발생된 교통사고와 해상·항공과 관련하여 발생된 교통사고
체육행사 등의 사고	업무와 관련한 체육행사·워크숍, 회식 등에서 재해를 입은 경우
동물상해	동물에 의해 근로자가 상해를 입은 경우로 동물(개·소·말 등)에 물리거나 차이는 등에 의해 상해를 입은 경우

(3) 재해발생형태의 분류기준

① 두 가지 이상의 발생형태가 연쇄적으로 발생된 재해의 경우는 상해결과 또는 피해를 크게 유발한 형태로 분류한다.

재해자가 「넘어짐」으로 인하여 기계의 동력전달부위 등에 끼이는 사고가 발생하여 신체부위가 「절단」된 경우	⇨	「끼임」
재해자가 구조물 상부에서 「넘어짐」으로 인하여 사람이 떨어져 두개골 골절이 발생한 경우	⇨	「떨어짐」
재해자가 「넘어짐」 또는 「떨어짐」으로 물에 빠져 익사한 경우	⇨	「빠짐·익사」

② 「떨어짐」과 「넘어짐」의 분류

바닥면과 신체가 떨어진 상태로 더 낮은 위치로 떨어진 경우	⇨	「떨어짐」
바닥면과 신체가 접해있는 상태에서 더 낮은 위치로 떨어진 경우	⇨	「넘어짐」
신체가 바닥면과 접해있었는지 여부를 알 수 없는 경우 작업발판 등 구조물의 높이가 보폭(약 60cm) 이상인 경우	⇨	「떨어짐」
보폭 미만인 경우	⇨	「넘어짐」

③ 「맞음」, 「이상온도 노출·접촉」 또는 「유해·위험물질 노출·접촉」의 분류

물체 또는 물질이 떨어지거나 날아와 타박상 등의 상해를 입었을 경우	⇨	「맞음」
고·저온 물체 또는 물질이 떨어지거나 날아와 화상을 입었을 경우	⇨	「이상온도 노출·접촉」
떨어지거나 날아온 물체 또는 물질의 특성에 의하여 상해를 입은 경우	⇨	「유해·위험물질 노출·접촉」

36. 안전점검의 종류 ✈

① 정기점검(계획점검) : 일정 기간마다 정기적으로 실시하는 점검을 말한다.
② 수시점검(일상점검) : 매일 작업 전, 중, 후에 실시하는 점검을 말한다.
③ 특별점검 : 기계·기구 또는 설비의 신설·변경 또는 고장·수리 등으로 비정기적인 특정 점검을 말하며 기술 책임자가 실시하며 **산업안전보건 강조기간, 악천후시에도** 실시한다.
④ 임시점검 : 기계·기구 또는 설비의 이상 발견 시에 임시로 점검하는 점검을 말한다.

37. 안전인증

(1) 안전인증 심사의 종류 및 방법 ✭✭

예비심사	기계·기구 및 방호장치·보호구가 유해·위험한 기계·기구·설비 등인지를 확인하는 심사(안전인증을 신청한 경우만 해당)
서면심사	유해·위험한 기계·기구·설비 등의 **제품기술과 관련된 문서**가 안전인증기준에 적합한지에 대한 심사
기술능력 및 생산체계 심사	유해·위험한 기계·기구·설비 등의 안전성능을 지속적으로 유지·보증하기 위하여 사업장에서 갖추어야 할 **기술능력과 생산체계**가 안전인증기준에 적합한지에 대한 심사
제품심사	유해·위험한 기계·기구·설비 등이 서면심사 내용과 일치하는지 여부와 유해·위험한 기계·기구·설비 등의 안전에 관한 성능이 안전인증기준에 적합한지 여부에 대한 심사 • **개별 제품심사** : 유해·위험한 기계·기구·설비 등 모두에 대하여 하는 심사 • **형식별 제품심사** : 유해·위험한 기계·기구·설비 등의 형식별로 표본을 추출하여 하는 심사

(2) 심사종류별 심사기간 ✭

① 예비심사 : 7일
② 서면심사 : 15일(외국에서 제조한 경우는 30일)
③ 기술능력 및 생산체계 심사 : 30일(외국에서 제조한 경우는 45일)
④ 제품심사
  ㉠ 개별 제품심사 : 15일
  ㉡ 형식별 제품심사 : 30일

(3) 안전인증의 취소, 6개월 이내의 기간을 정하여 안전인증표시의 사용 금지, 시정을 명할 수 있는 경우

① **거짓**이나 그 밖의 **부정한 방법**으로 안전인증을 받은 경우(안전인증 취소만 해당됨)
② 안전인증을 받은 유해·위험기계 등의 **안전에 관한 성능** 등이 안전인증기준에 맞지 아니하게 된 경우
③ 정당한 사유 없이 **안전인증 확인**을 거부, 방해 또는 기피하는 경우

38. 자율안전 확인표시의 사용금지 등 ✈

(1) 자율안전 확인대상 기계·기구 등의 제조·수입·양도·대여·사용하거나 양도·대여의 목적으로 진열할 수 없는 경우
   ① 자율안전 확인 신고를 하지 아니한 경우
   ② 거짓이나 그 밖의 부정한 방법으로 신고를 한 경우
   ③ 자율안전 확인대상 기계 등의 안전에 관한 성능이 자율안전기준에 맞지 아니하게 된 경우
   ④ 자율안전 확인 표시의 사용 금지 명령을 받은 경우

> **비교합시다!**
>
> **안전인증대상 기계 등을 제조·수입·양도·대여·사용하거나 양도·대여의 목적으로 진열할 수 없는 경우 ✈**
>
> ① 안전인증을 받지 아니한 경우(안전인증이 전부 면제되는 경우는 제외)
> ② 안전인증기준에 맞지 아니하게 된 경우
> ③ 안전인증이 취소되거나 안전인증표시의 사용금지 명령을 받은 경우

39. 자율검사프로그램의 인정 ✈✈

사업주가 자율검사프로그램을 인정받기 위해서는 다음 각 호의 요건을 모두 충족하여야 한다. 다만, 검사기관에 위탁한 경우에는 ① 및 ②를 충족한 것으로 본다.
① 검사원을 고용하고 있을 것
② 검사를 할 수 있는 장비를 갖추고 이를 유지·관리할 수 있을 것
③ 검사주기의 2분의 1에 해당하는 주기(크레인 중 건설현장 외에서 사용하는 크레인의 경우 6개월)마다 검사를 할 것
④ 자율검사프로그램의 검사기준이 안전검사기준을 충족할 것

40. 안전인증의 표시

| 안전인증대상 및 자율안전 확인의 표시방법 ✈✈ | |

41. 안전인증 및 자율안전 확인 대상 기계, 기구 등 ☆☆☆

	안전인증	자율안전 확인
1. 기계 기구· 설비	1. 설치·이전하는 경우 안전인증을 받아야 하는 기계·기구 　가. 크레인 　나. 리프트 　다. 곤돌라 2. 주요 구조 부분을 변경하는 경우 안전인증을 받아야 하는 기계·기구 　① 프레스 　② 전단기 및 절곡기(折曲機) 　③ 크레인 　④ 리프트 　⑤ 압력용기 　⑥ 롤러기 　⑦ 사출성형기(射出成形機) 　⑧ 고소(高所)작업대 　⑨ 곤돌라	① 연삭기 또는 연마기 (휴대형은 제외한다) ② 산업용 로봇 ③ 혼합기 ④ 파쇄기 또는 분쇄기 ⑤ 식품가공용 기계(파쇄·절단·혼합·제면기만 해당한다) ⑥ 컨베이어 ⑦ 자동차정비용 리프트 ⑧ 공작기계(선반, 드릴기, 평삭·형삭기, 밀링만 해당) ⑨ 고정형 목재가공용기계(둥근톱, 대패, 루타기, 띠톱, 모떼기 기계만 해당한다) ⑩ 인쇄기

특급 암기법

유사한 종류끼리 묶어서 암기
손 다치는 기계 - 프레스, 전단기 및 절곡기, 사출성형기, 롤러기
양중기 - 크레인, 리프트, 곤돌라
폭발 - 압력용기
추락 - 고소작업대

특급 암기법

공작기계로 철판 잘라서 연삭기, 연마기로 갈고, 고정형 목재가공용 기계로 나무 자르고, 식품가공용 기계로 식품 파쇄, 분쇄하여 혼합기로 혼합한 후 컨베이어로 운반해서 자동차 리프트에 올려놓고 인기 있는 산업용로봇 만들자.

	안전인증	자율안전 확인
2. 방호장치	① 프레스 및 전단기 방호장치 ② 양중기용 과부하방지장치 ③ 보일러 압력방출용 안전밸브 ④ 압력용기 압력방출용 안전밸브 ⑤ 압력용기 압력방출용 파열판 ⑥ 절연용 방호구 및 활선작업용 기구 ⑦ 방폭구조 전기기계 기구 및 부품 ⑧ 추락·낙하 및 붕괴 등의 위험방지 및 보호에 필요한 가설기자재로서 고용노동부장관이 정하여 고시하는 것 ⑨ 충돌·협착 등의 위험 방지에 필요한 산업용 로봇 방호장치로서 고용노동부장관이 정하여 고시하는 것	① 아세틸렌, 가스집합 용접장치용 안전기 ② 교류아크용접기용 자동전격방지기 ③ 롤러기 급정지장치 ④ 연삭기 덮개 ⑤ 목재가공용 둥근톱 반발 예방장치 및 날접촉 예방장치 ⑥ 동력식수동대패의 칼날 접촉방지장치 ⑦ 추락, 낙하 및 붕괴 등의 위험방호에 필요한 가설기자재(안전인증 제외)

실력이 된다! 합격이 된다! 특급 암기법

안전인증 대상 중
손 다치는 기계 – 프레스 및 전단기의 방호장치
양중기 – 과부하방지장치
폭발 – 보일러 안전밸브, 압력용기 안전밸브, 파열판
충돌 – 산업용 로봇
전기 – 방폭구조, 절연용 방호구, 활선작업용 기구

실력이 된다! 합격이 된다! 특급 암기법

롤러를 통과한 철판을 목재가공용 둥근톱, 동력식 수동대패로 잘라서 아세틸렌, 가스집합용접장치, 교류아크용접기로 용접해서 연삭기로 다듬자.

	안전인증	자율안전 확인
3. 보호구	① 추락 및 감전 위험방지용 안전모 ② 안전화 ③ 안전장갑 ④ 방진마스크 ⑤ 방독마스크 ⑥ 송기마스크 ⑦ 전동식 호흡보호구 ⑧ 보호복 ⑨ 안전대 ⑩ 차광 및 비산물 위험방지용 보안경 ⑪ 용접용 보안면 ⑫ 방음용 귀마개 또는 귀덮개 실패가 되지! 합격이 되는! **특급 암기법** **머리 –** 안전모(추락 및 감전방지용) **눈 –** 보안경(차광 및 비산물 위험방지용) **코, 입 –** 방진마스크, 방독마스크, 송기마스크, 전동식 호흡보호구 **얼굴 –** 보안면(용접용) **귀 –** 귀마개 또는 귀덮개(방음용) **손 –** 안전장갑 **허리 –** 안전대 **발 –** 안전화 **몸 –** 보호복	① 안전모(안전인증 제외) ② 보안경(안전인증 제외) ③ 보안면(안전인증 제외)
4. 합격표시	① 형식 또는 모델명 ② 규격 또는 등급 등 ③ 제조자 명 ④ 제조번호 및 제조연월 ⑤ 안전인증 번호	① 형식 또는 모델명 ② 규격 또는 등급 등 ③ 제조자 명 ④ 제조번호 및 제조연월 ⑤ 자율안전 확인 번호

42. 안전검사 대상 기계, 기구 등 ☆☆☆

1. 안전검사 대상 유해·위험 기계 등	① 프레스 ② 전단기 ③ 크레인[정격 하중이 2톤 미만인 것 제외] ④ 리프트 ⑤ 압력용기 ⑥ 곤돌라 ⑦ 국소 배기장치(이동식은 제외) ⑧ 원심기(산업용만 해당) ⑨ 롤러기(밀폐형 구조는 제외한다) ⑩ 사출성형기[형 체결력(형 체결력) 294킬로뉴턴(KN) 미만은 제외] ⑪ 고소작업대 ⑫ 컨베이어 ⑬ 산업용 로봇 ⑭ 혼합기(26년 6월 26일 시행) ⑮ 파쇄기 또는 분쇄기(26년 6월 26일 시행) **실패! 됩니! 함께가 되는! 특급 암기법** **손 다치는 기계** - 프레스, 전단기, 사출성형기, 롤러기, 혼합기, 파쇄기 또는 분쇄기(26년 6월 26일 시행) **양중기** - 크레인, 리프트, 곤돌라 **폭발** - 압력용기 **추가** - 극소(국소) 로봇이 고소의 큰(컨) 원을 검사(안전검사) 국소배기장치, 산업용 로봇, 고소작업대, 컨베이어, 원심기
2. 안전검사대상 유해·위험기계 등의 검사 주기	① 크레인(이동식 크레인은 제외), 리프트(이삿짐운반용 리프트는 제외) 및 곤돌라 : 사업장에 설치가 끝난 날부터 3년 이내에 최초 안전검사를 실시하되, 그 이후부터 2년마다(건설현장에서 사용하는 것은 최초로 설치한 날부터 6개월마다) ② 이동식 크레인, 이삿짐운반용 리프트 및 고소작업대 : 신규등록 이후 3년 이내에 최초 안전검사를 실시하되, 그 이후부터 2년마다 ③ 프레스, 전단기, 압력용기, 국소 배기장치, 원심기, 롤러기, 사출성형기, 컨베이어 및 산업용 로봇, 혼합기, 파쇄기 또는 분쇄기 : 사업장에 설치가 끝난 날부터 3년 이내에 최초 안전검사를 실시하되, 그 이후부터 2년마다(공정안전보고서를 제출하여 확인을 받은 압력용기는 4년마다)(26년 6월 26일 시행)
3. 안전검사 합격표시	① 검사 대상 유해·위험 기계명　② 신청인 ③ 형식번호(기호)　　　　　　　④ 합격번호 ⑤ 검사유효기간　　　　　　　　⑥ 검사기관

제2장 안전 보호구 관리

1. 보호구의 지급 ✿✿✿

① 물체가 떨어지거나 날아올 위험 또는 근로자가 추락할 위험이 있는 작업 : 안전모
② 높이 또는 깊이 2미터 이상의 추락할 위험이 있는 장소에서 하는 작업 : 안전대(安全帶)
③ 물체의 낙하·충격, 물체에의 끼임, 감전 또는 정전기의 대전(帶電)에 의한 위험이 있는 작업 : 안전화
④ 물체가 흩날릴 위험이 있는 작업 : 보안경
⑤ 용접 시 불꽃이나 물체가 흩날릴 위험이 있는 작업 : 보안면
⑥ 감전의 위험이 있는 작업 : 절연용 보호구
⑦ 고열에 의한 화상 등의 위험이 있는 작업 : 방열복
⑧ 선창 등에서 분진(粉塵)이 심하게 발생하는 하역작업 : 방진마스크
⑨ 섭씨 영하 18도 이하인 급냉동어창에서 하는 하역작업 : 방한모·방한복·방한화·방한장갑
⑩ 물건을 운반하거나 수거·배달하기 위하여 이륜자동차 또는 원동기장치 자전거를 운행하는 작업 : 승차용 안전모
⑪ 물건을 운반하거나 수거·배달하기 위하여 자전거 등을 운행하는 작업 : 안전모

2. 안전인증 대상 보호구의 종류 ✿✿✿

① 추락 및 감전 위험방지용 안전모
② 안전화
③ 안전장갑
④ 방진마스크
⑤ 방독마스크
⑥ 송기마스크
⑦ 전동식 호흡보호구
⑧ 보호복
⑨ 안전대
⑩ 차광 및 비산물 위험방지용 보안경
⑪ 용접용 보안면
⑫ 방음용 귀마개 또는 귀덮개

3. 자율안전 확인 대상 보호구의 종류 ✿✿✿

① 안전모(안전인증 대상 제외)
② 보안경(안전인증 대상 제외)
③ 보안면(안전인증 대상 제외)

4. 안전인증 제품표시의 붙임 ✖✖✖

안전인증제품에는 안전인증 표시 외에 다음 각 목의 사항을 표시한다.
① 형식 또는 모델명
② 규격 또는 등급 등
③ 제조자명
④ 제조번호 및 제조연월
⑤ 안전인증 번호

5. 안전인증 안전모의 종류(추락, 감전방지용) ✖✖✖

종류(기호)	사 용 구 분	비 고
AB	물체의 낙하 또는 비래 및 추락에 의한 위험을 방지 또는 경감시키기 위한 것	
AE	물체의 낙하 또는 비래에 의한 위험을 방지 또는 경감하고, 머리부위 감전에 의한 위험을 방지하기 위한 것	내전압성
ABE	물체의 낙하 또는 비래 및 추락에 의한 위험을 방지 또는 경감하고, 머리부위 감전에 의한 위험을 방지하기 위한 것	내전압성
내전압성이란 7,000V 이하의 전압에 견디는 것을 말한다.		

6. 안전모의 성능 시험 종류 ✖✖

안전모의 성능 시험 종류	안전 인증대상	① 내관통성 시험 ③ 내전압성 시험 ⑤ 난연성 시험	② 충격흡수성 시험 ④ 내수성 시험 ⑥ 턱끈풀림 시험
	자율안전 확인대상	① 내관통성 시험 ③ 난연성 시험	② 충격흡수성 시험 ⑥ 턱끈풀림 시험

7. 안전화의 종류 ✖

① 가죽제안전화
② 고무제안전화
③ 정전기안전화
④ 발등 안전화
⑤ 절연화
⑥ 절연장화
⑦ 화학물질용 안전화

8. 가죽제 안전화 성능시험 종류 ✮

① **내충격성** 시험　　② **내압박성** 시험
③ **내답발성** 시험　　④ **박리저항** 시험
⑤ 내유성 시험　　　　⑥ 인장강도 시험 및 신장율 시험
⑦ 내부식성 시험　　　⑧ 인열강도 시험
⑨ 은면결렬 시험

9. 절연장갑의 등급 ✮

등 급	최대사용전압		등급별 색상
	교류(V, 실효값)	직류(V)	
00	500	750	갈색
0	1,000	1,500	빨간색
1	7,500	11,250	흰색
2	17,000	25,500	노란색
3	26,500	39,750	녹색
4	36,000	54,000	등색

실력이 되고! 합격이 되는! 특급 암기법

교류 × 1.5 = 직류
공(00)갈 공(0)적 1백 2황 3녹 4등

10. 방진마스크의 등급 ✮✮

등 급	특 급	1 급	2 급
사용 장소	• 베릴륨등과 같이 독성이 강한 물질들을 함유한 분진 등 발생장소 • 석면 취급장소	• 특급마스크 착용장소를 제외한 분진 등 발생장소 • 금속흄 등과 같이 열적으로 생기는 분진 등 발생장소 • 기계적으로 생기는 분진 등 발생장소(규소등과 같이 2급방진 마스크를 착용하여도 무방한 경우는 제외한다)	• 특급 및 1급 마스크 착용장소를 제외한 분진 등 발생장소
	배기밸브가 없는 안면부여과식 마스크는 특급 및 1급 장소에 사용해서는 안 된다.		

11. 방진마스크의 일반구조 ✱

① 착용 시 이상한 압박감이나 고통을 주지 않을 것
② 전면형 : 호흡 시에 투시부가 흐려지지 않을 것
③ 분리식 마스크 : 여과재, 흡기밸브, 배기밸브 및 머리끈을 쉽게 교환할 수 있고 착용자 자신이 안면부와의 밀착성 여부를 수시로 확인할 수 있을 것
④ 안면부여과식 : 여과재로 된 안면부가 사용 중 심하게 변형되지 않을 것
⑤ 안면부여과식 : 여과재를 안면에 밀착시킬 수 있을 것

12. 여과재 등 분진 포집효율

형태 및 등급		염화나트륨(NaCl) 및 파라핀 오일(Paraffin oil) 시험(%)
분리식	특급	99.95 이상
	1급	94.0 이상
	2급	80.0 이상
안면부 여과식	특급	99.0 이상
	1급	94.0 이상
	2급	80.0 이상

13. 방독마스크의 종류 ✱✱

종류	시험가스	종류	시험가스
유기화합물용	시클로헥산(C_6H_{12}) 디메틸에테르(CH_3OCH_3) 이소부탄(C_4H_{10})	시안화수소용	시안화수소가스(HCN)
할로겐용	염소가스 또는 증기(Cl_2)	아황산용	아황산가스(SO_2)
황화수소용	황화수소가스(H_2S)	암모니아용	암모니아가스(NH_3)

14. 방독마스크의 등급 ✪✪

등 급	사용 장소
고농도	가스 또는 증기의 농도가 100분의 2(암모니아에 있어서는 100분의 3) 이하의 대기 중에서 사용하는 것
중농도	가스 또는 증기의 농도가 100분의 1(암모니아에 있어서는 100분의 1.5) 이하의 대기 중에서 사용하는 것
저농도 및 최저농도	가스 또는 증기의 농도가 100분의 0.1 이하의 대기 중에서 사용하는 것으로서 긴급용이 아닌 것

비고 : 방독마스크는 산소농도가 18% 이상인 장소에서 사용하여야 하고, 고농도와 중농도에서 사용하는 방독마스크는 전면형(격리식, 직결식)을 사용해야 한다.

15. 안전 인증 대상 방독마스크의 안전 인증 표시 외에 표시사항 ✪

① 파과곡선도
② 사용시간 기록카드
③ 정화통의 외부 측면의 표시 색
④ 사용상의 주의사항

16. 정화통 외부 측면의 표시 색 ✪✪✪

종 류	표시 색
유기화합물용 정화통	갈색
할로겐용 정화통	회색
황화수소용 정화통	회색
시안화수소용 정화통	회색
아황산용 정화통	노란색
암모니아용 정화통	녹색
복합용 및 겸용의 정화통	• 복합용의 경우 : 해당 가스 모두 표시(2층 분리) • 겸용의 경우 : 백색과 해당 가스 모두 표시(2층 분리)

17. 방독마스크의 유효시간 계산 ✪

$$\text{유효시간(파과시간)} = \frac{\text{시험가스농도} \times \text{표준유효시간}}{\text{작업장 공기 중 유해가스 농도}} \text{ (분)}$$

18. 송기마스크

(1) 산소결핍 장소(산소농도 18% 미만)에서 착용한다.
(2) 송기마스크의 종류
   ① 호스 마스크   ② 에어라인 마스크
   ③ 복합식 에어라인 마스크

19. 송풍기형 호스 마스크의 분진 포집효율

등급	전동	수동
효율(%)	99.8 이상	95.0 이상

20. 전동식 호흡보호구의 분류

① 전동식 방진마스크   ② 전동식 방독마스크
③ 전동식 후드 및 전동식보안면

21. 방열복의 종류

종류	방열상의	방열하의	방열일체복	방열장갑	방열두건
착용 부위	상체	하체	몸체(상·하체)	손	머리
질량(단위 : kg)	3.0	2.0	4.3	0.5	2.0

22. 화학물질용 보호복

종류	형식	화학물질 보호성능 표시
전신보호복	액체방호형(3형식)	
	분무방호형(4형식)	
부분보호복	액체방호형(3형식)	

23. 안전대

① "안전그네"란 신체지지의 목적으로 전신에 착용하는 띠 모양의 것으로서 상체 등 신체 일부분만 지지하는 것은 제외한다.
② "안전블록"이란 안전그네와 연결하여 추락발생 시 추락을 억제할 수 있는 자동 잠김장치가 갖추어져 있고 죔줄이 자동적으로 수축되는 장치를 말한다.
③ "U자걸이"란 안전대의 죔줄을 구조물 등에 U자 모양으로 돌린 뒤 훅 또는 카라 비너를 D링에, 신축조절기를 각 링 등에 연결하는 걸이 방법을 말한다.
④ "1개걸이"란 죔줄의 한쪽 끝을 D링에 고정시키고 훅 또는 카라비너를 구조물 또는 구명줄에 고정시키는 걸이 방법을 말한다.

24. 안전대의 종류 ✦✦✦

종 류	사용 구분
벨트식	1개 걸이용
	U자 걸이용
안전그네식	추락방지대
	안전블록

25. 사용구분에 따른 차광보안경의 종류(안전 인증대상) ✦

종류	사용구분
자외선용	자외선이 발생하는 장소
적외선용	적외선이 발생하는 장소
복합용	자외선 및 적외선이 발생하는 장소
용접용	산소용접작업등과 같이 자외선, 적외선 및 강렬한 가시광선이 발생하는 장소

26. 방음용 귀마개 또는 귀덮개의 종류·등급 ✦

종류	등급	기호	성능
귀마개	1종	EP-1	저음부터 고음까지 차음하는 것
	2종	EP-2	주로 고음을 차음하고 저음(회화음영역)은 차음하지 않는 것
귀덮개	-	EM	

비고 : 귀마개의 경우 재사용 여부를 제조특성으로 표기

27. 안전보건 표지의 색채, 색도기준 및 용도 ✦✦✦✦

색채	색도기준	용도	사용례
빨간색	7.5R 4/14	금지	정지신호, 소화설비 및 그 장소, 유해행위의 금지
		경고	화학물질 취급장소에서의 유해·위험 경고
노란색	5Y 8.5/12	경고	화학물질 취급장소에서의 유해·위험경고 이외의 위험경고, 주의표지 또는 기계방호물
파란색	2.5PB 4/10	지시	특정 행위의 지시 및 사실의 고지
녹색	2.5G 4/10	안내	비상구 및 피난소, 사람 또는 차량의 통행표지
흰색	N9.5		파란색 또는 녹색에 대한 보조색
검은색	N0.5		문자 및 빨간색 또는 노란색에 대한 보조색

7.5R 4/14 → 싫어(7.5) 4/14   5Y 8.5/12 → 오(5)! 빨리와(8.5) 이리(12)
2.5PB 4/10 → 2.5×4=10   2.5G 4/10 → 2.5×4=10

28. 안전보건표지의 종류 및 형태(제6조제1항 관련) ☆☆☆

1. 금지표지	101 출입금지	102 보행금지	103 차량통행금지	104 사용금지	
	105 탑승금지	106 금연	107 화기금지	108 물체이동금지	
2. 경고표지	201 인화성물질 경고	202 산화성물질 경고	203 폭발성물질 경고	204 급성독성물질 경고	205 부식성물질 경고
	206 방사성물질 경고	207 고압전기 경고	208 매달린 물체 경고	209 낙하물 경고	210 고온 경고
	211 저온 경고	212 몸균형 상실 경고	213 레이저광선 경고	214 발암성·변이원성·생식독성·전신독성·호흡기과민성 물질 경고	215 위험장소 경고

3. 지시 표지	301 보안경 착용	302 방독마스크 착용	303 방진마스크 착용	304 보안면 착용	
	305 안전모 착용	306 귀마개 착용	307 안전화 착용	308 안전장갑 착용	309 안전복 착용
4. 안내 표지	401 녹십자표지	402 응급구호표지	403 들것	404 세안장치	405 비상용기구
	406 비상구		407 좌측비상구		408 우측비상구
5. 관계 자외 출입 금지	501 허가대상물질 작업장 **관계자외 출입금지** (허가물질 명칭) 제조/사용/보관 중 보호구/보호복 착용 흡연 및 음식물 섭취 금지		502 석면취급/해체 작업장 **관계자외 출입금지** 석면 취급/해체 중 보호구/보호복 착용 흡연 및 음식물 섭취 금지		503 금지대상물질의 취급 실험실 등 **관계자외 출입금지** 발암물질 취급 중 보호구/보호복 착용 흡연 및 음식물 섭취 금지

구분	그림	색상
금지표지		바탕 : 흰색 기본모형 : 빨간색 관련 부호 및 그림 : 검은색
경고표지		바탕 : 노란색 기본모형, 관련 부호 및 그림 : 검은색
		바탕 : 무색 기본모형 : 빨간색(검은색도 가능)
지시표지		바탕 : 파란색 관련 그림 : 흰색
안내표지		바탕 : 흰색 기본모형 및 관련 부호 : 녹색 (바탕 : 녹색 관련 부호 및 그림 : 흰색)
출입금지표지	A B C	글자 : 흰색바탕에 흑색 다음 글자 : 적색 - ○○○ 제조/사용/보관 중 - 석면취급/해체 중 - 발암물질 취급 중

실패! 되고! 합격이 되는! 특급 암기법

산업안전보건법 상의 안전보건표지 중 '관계자외 출입금지' 표지의 하단에 포함되어야 하는 문자 2가지
① 보호구/보호복 착용
② 흡연 및 음식물 섭취 금지

제3장 산업안전심리

1. 인간의 특성

① 간결성의 원리 : 최소에너지에 의해 목적에 달성하려는 경향을 말한다.
② 생략 행위 : 작업현장에서 소정의 작업용구를 사용하지 않고 근처의 용구를 사용해서 임시변통하는 인간심리 결함행위
③ 주의의 일점집중현상 : 인간은 위급한 상황 시 가장 중요한 일에만 집중한다.

2. 산업안전심리 5요소

① 동기(motive) ② 기질(temper) ③ 감정(emotion)
④ 습성(habits) ⑤ 습관(custom)

3. 레윈(K. Lewin)의 법칙

인간의 행동은 개체의 자질과 심리적 환경의 함수관계이다.

$$B = f(P \cdot E)$$

여기서, B : Behavior(인간의 행동)
 f : function(함수관계)
 P : Person(개체 : 연령, 경험, 심신상태, 성격, 지능 등)
 E : Environment(심리적 환경 : 인간관계, 작업환경 등)

4. 인간 의식의 공통적 경향

① 의식은 현상의 대응력에 한계가 있다.
② 의식은 그 초점에서 멀어질수록 희미해진다.
③ 당면한 문제에 의식의 초점이 합치되지 않고 있을 때는 대응력이 저감된다.
④ 인간의 의식은 중단되는 경향이 있다.
⑤ 인간의 의식은 파동한다.(극도의 긴장을 유지할 수 있는 시간은 불과 수 초라고 하며 긴장 후에는 반드시 이완한다)

5. 인간의 착오 요인

인지과정 착오의 요인	• 정보량 저장의 한계 • 감각 차단 현상 • 정서적 불안정 • 생리, 심리적 능력의 한계(정보 수용 능력의 한계)
판단과정 착오요인	• 자기 합리화 • 능력 부족 • 정보부족 • 자기과신
조작과정의 착오 요인	• 작업자의 기능 미숙(기술 부족) • 작업경험 부족 • 피로
심리적, 기타 요인	• 불안·공포·과로·수면부족 등

6. 착각현상 ✱

가현운동 (β 운동)	정지하고 있는 대상물이 급속히 나타나던가 소멸하는 것으로 인하여 일어나는 운동으로 마치 대상물이 운동하는 것처럼 인식되는 현상을 말한다. 예 영화의 영상
유도 운동	움직이지 않는 것이 움직이는 것처럼 느껴지는 현상 예 상행선 열차를 타고 가며 정지하고 있는 하행선 열차를 보면 마치 하행선 열차가 움직이는 것처럼 느껴지는 현상
자동 운동	• 암실에서 정지된 소광점 응시하면 광점이 움직이는 것처럼 보이는 현상 • 안구의 불규칙한 운동 때문에 생기는 현상이다.

7. 착시현상 ✱

Müller Lyer의 착시	(a) (b)	(a)가 (b)보다 길게 보인다. (실제 a=b)
Helmholz의 착시	(a) (b)	(a)는 세로로 길어 보이고, (b)는 가로로 길어 보인다.
Herling의 착시	(a) (b)	(a)는 양단이 벌어져 보이고, (b)는 중앙이 벌어져 보인다.
Köhler의 착시		우선 평행한 호(弧)를 보고 이어 직선을 본 경우에는 직선은 호와의 반대 방향으로 보인다.
Poggendorf의 착시		(a)와 (b)가 실제 일직선상에 있으나 (a)와 (c)가 일직선으로 보인다.
Zöller의 착시		세로의 선이 수직선인데 굽어 보인다.
기타의 착시현상 (동심원의 착시)	(a) (b)	(a) 중심의 원이 (b) 중심의 원보다 크게 보인다.
		좌변의 절선이 꺾여 굽어보인다.
		평행선을 잘못 본다.

제4장 인간의 행동과학

1. 인간의 행동성향

① 투사(Projection)
  ㉠ 자기 속의 억압된 것을 다른 사람의 것으로 생각하는 것
  ㉡ 자신의 불만이나 불안을 해소시키기 위해서 **자신의 잘못을 남의 탓으로 돌리는 행동**
② 모방 : 남의 행동이나 판단을 표본으로 하여 그것과 같거나 또는 **그것에 가까운 행동 또는 판단을 취하려는 행동**
③ 암시 : **다른 사람으로부터의 판단이나 행동을 무비판적으로 논리적·사실적 근거 없이 받아들이는 행동**
④ 승화
  ㉠ 사회적으로 승인되지 않은 욕구가 **사회적, 문화적으로 가치있는 것으로 나타남**
  ㉡ 자신의 동기에 대해 불안을 느끼는 사람은 무의식적으로 **내면의 동기를 사회가 용납하는 다른 동기로 변형시킴**
⑤ 합리화
  ㉠ 자기 행위는 합리적이고 정당하며 **실제보다 훌륭하게 평가함**
  ㉡ 자기의 실패나 약점을 **그럴듯한 이유나 변명을 들어 자신의 실패를 정당화하는 행동**
⑥ 억압 : 의식에서 용납하기 힘든 생각, 욕망, 충동, 공격성 등을 무의식적으로 눌러 버리는 것이다.
⑦ 동일화(Identification) : 다른 사람의 행동 양식이나 태도를 투입시키거나 **다른 사람 가운데서 자기와 비슷한 점을 발견하는 것**
⑧ 반동형성 : 겉으로 드러나는 **태도나 언행이 마음속의 욕구나 생각과 정반대인 경우로 자신의 감정과 정반대의 태도를 취하는 것**
⑨ 보상 : 자신의 **결함이나 열등감, 긴장을 해소시키기 위하여 장점 등으로 그 결함을 보충하려는 행동**
⑩ 퇴행 : 좌절을 심하게 당했을 때 **현재보다 유치한 과거 수준으로 후퇴하는 것**
⑪ 커뮤니케이션 : 갖가지 행동 양식이 기초를 매개로 하여 **어떤 사람으로부터 다른 사람에게 전달되는 과정**
⑫ 억측판단 : 작업공정 중에 규정대로 수행하지 않고 **'괜찮다'고 생각하여 자기 주관대로 행하는 행동**(객관적인 위험을 행동에 옮김)
  예 신호등의 신호가 녹색에서 황색으로 바뀌었으나 괜찮다고 판단하고 지나감

2. 양립성 ✈

자극과 반응의 관계가 인간의 기대와 모순되지 않는 성질
① 개념적 양립성 : 외부자극에 대해 인간의 개념적 현상의 양립성
   예 빨간 버튼은 온수, 파란버튼은 냉수 ✈
② 공간적 양립성 : 표시장치, 조종장치의 형태 및 공간적배치의 양립성
   예 오른쪽 조리대는 오른쪽 조절장치로, 왼쪽 조리대는 왼쪽 조절장치로 조정한다. ✈
③ 운동의 양립성 : 표시장치, 조종장치 등의 운동 방향의 양립성
   예 조종장치를 오른쪽으로 돌리면 표시장치 지침이 오른쪽으로 이동한다. ✈
④ 양식 양립성 : 직무에 알맞은 자극과 응답 양식의 존재에 대한 양립성
   예 음성 과업에 대해서는 청각적 자극 제시와 이에 대한 음성응답 과업에 갖는 양립성이다.

3. 재해설 ✈

① 기회설(상황설) : 재해가 일어날 수 있는 상황만 주어지면 재해가 유발 된다는 설
② 암시설(습관설) : 한번 재해를 당한 사람은 겁쟁이가 되어 신경과민으로 또 재해를 유발한다는 설
③ 경향설(성향설) : 근로자 중 재해가 빈발하는 소질적 결함자가 있다는 설

4. 동기부여 이론

(1) 데이비스 (K. Davis)의 동기부여 이론 ✈✈

① 인간의 성과 × 물질의 성과 = 경영의 성과
② 지식(knowledge) × 기능(skill) = 능력(ability)
③ 상황(situation) × 태도(attitude) = 동기유발(motivation)
④ 능력 × 동기유발 = 인간의 성과(human performance)

(2) 매슬로(Maslow A. H.)의 욕구단계 이론(인간의 욕구 5단계 ✈✈)

제1단계(생리적 욕구)	기아, 갈증, 호흡, 배설, 성욕 등 인간의 가장 기본적인 욕구
제2단계(안전 욕구)	자기 보존 욕구
제3단계(사회적 욕구)	소속감과 애정 욕구
제4단계(존경 욕구)	인정받으려는 욕구
제5단계(자아실현의 욕구)	잠재적인 능력을 실현하고자 하는 욕구(성취 욕구)

(3) 헤르츠버그(Herzberg)의 동기·위생 이론 ✭✭

위생 요인	유지 욕구	• 인간의 동물적 욕구를 반영하는 것으로 Maslow의 욕구 단계에서 생리적, 안전, 사회적 욕구와 비슷하다. • 저차원의 욕구	
	직무 환경 ✭	• 회사정책과 관리 • 감독 • 보수 • 지위	• 개인 상호간의 관계 • 임금 • 작업조건 • 안전
동기 요인	만족 욕구	• 자아실현을 하려는 인간의 독특한 경향을 반영한 것으로, Maslow의 자아실현 욕구와 비슷하다. • 고차원의 욕구	
	직무 내용 ✭	• 성취감 • 안정감 • 도전감	• 책임감 • 성장과 발전 • 일 그 자체

(4) 알더퍼의 E.R.G(Existence-Relatedness-Growth needs theory) 이론 ✭✭

① 생존(Existence) 욕구(존재 욕구) : 의식주, 봉급, 직무 안전
② 관계(Relatedness) 욕구 : 대인관계
③ 성장(Growth) 욕구 : 개인적 발전

(5) 맥그리거(McGregor)의 X, Y 이론 ✭✭

X이론의 특징	Y이론의 특징
인간 불신감	상호 신뢰감
성악설	성선설
인간은 원래 게으르고 태만하여 남의 지배를 받기를 즐긴다.	인간은 부지런하고 적극적이며 자주적이다.
물질욕구(저차원 욕구)에 만족	정신욕구(고차원 욕구)에 만족
명령, 통제에 의한 관리 (권위주의형 리더십)	목표 통합과 자기통제에 의한 자율관리 (민주주의적 리더십)
저개발국형	선진국형

5. 인간 의식레벨의 분류

단계	의식의 모드	생리적 상태	의식의 상태
Phase 0	무의식, 실신	수면, 뇌발작	주의작용 0
Phase I	의식흐림	피로, 단조로운 일	부주의
Phase II	이완	안정기거, 휴식	안정기거, 휴식
Phase III	상쾌	적극적	적극활동
Phase IV	과긴장	일점집중현상, 긴급방위	감정흥분

6. 인간 주의특성의 종류

① 선택성 : 사람은 한 번에 여러 종류의 자극을 지각하거나 수용하지 못하며 소수의 특정한 것으로 한정해서 선택하는 기능을 말한다.
② 방향성 : 시선에서 벗어난 부분은 무시되기 쉽다.(주시점만 응시한다)
③ 변동성 : 주의는 리듬이 있어 일정한 수순을 지키지 못한다.
④ 단속성 : 고도의 주의는 장시간 집중이 곤란하다.
⑤ 주의력의 중복집중 곤란 : 동시에 두 개 이상의 방향을 잡지 못한다.

7. 부주의 원인

① 의식 단절 : 의식 흐름의 단절(특수한 질병 등에 의한 경우로 의식수준은 Phase 0인 상태)
② 의식 우회 : 걱정, 고뇌 등으로 의식이 빗나감
③ 의식 수준 저하 : 피로, 단조로운 작업의 연속으로 의식수준이 저하됨
④ 의식 혼란 : 외부자극의 강·약에 의해 위험요인에 대응 할 수 없을 때 발생
⑤ 의식 과잉 : 긴급 상황 시 일점 집중 현상을 일으킨다.

8. 부주의의 원인과 대책

① 소질적 문제 : 적성 배치
② 의식의 우회 : 카운슬링
③ 경험, 미경험자 : 안전교육, 훈련
④ 작업환경 조건 불량 : 환경 정비
⑤ 작업순서의 부적당 : 작업순서 정비

9. 업무 추진의 방식에 따른 분류

① 권위주의적 리더 : 리더가 독단적으로 의사를 결정하는 형태

② 민주주의적 리더 : 집단토의에 의해 의사를 결정하는 형태
③ 자유방임적 리더 : 리더 역할은 하지 않고 명목상 자리만 유지하는 형태

10. 리더의 행동유형중 관리그리드 이론 ✈

(1.1)형	(1.9)형	(9.1)형	(5.5)형	(9.9)형
무관심형	인기형	과업형	타협형	이상형

* (x,y)형에서 x는 과업의 관심도를 y는 인간관계의 관심도를 나타낸다.

11. 리더십의 권한의 역할 ✈

① 보상적 권한 : 지도자가 부하에게 보상할 수 있는 능력
② 강압적 권한 : 지도자가 부하들을 처벌할 수 있는 권한
③ 합법적 권한 : 조직의 규정에 의해 공식화된 권한
④ 위임된 권한 : 부하직원들이 지도자를 따르고 지도자와 함께 일하는 것
⑤ 전문성의 권한 : 지도자가 집단 목표수행에 전문적인 지식을 갖고 있는가와 관련한 권한

12. 리더십과 헤드십의 특성 ✈

구 분	리더십	헤드십
권한 행사	선출된 리더	임명적 헤드
권한 부여	밑으로 부터의 동의	위에서 위임
권한 귀속	집단 목표에 기여한 공로인정	공식화된 규정에 의함
상하, 부하 관계	개인적인 영향	지배적임
부하와의 관계	좁음	넓음
지휘형태	민주주의적	권위주의적
책임귀속	상사와 부하	상사
권한근거	개인적	법적, 공식적

13. 산소부채(oxygen debt) 현상

격렬한 작업이나 운동을 할 때에는 산소 섭취량이 산소 소모량보다 부족하게 되어 산소량이 산소부채(산소 빚)를 일으킨다. 작업이나 운동 시 빚진 산소 부족분을 작업이나 운동이 끝난 후에 갚기 위해 작업이나 운동 후 호흡이 즉시 정상으로 회복되지 않고 서서히 회복되는 산소부채의 보상현상이 발생한다.

14. 생리학적 측정방법

감각 기능, 반사기능, 대사기능 등을 이용한 측정법 ✖

① EMG(electromyogram; 근전도) : 근육활동 전위차의 기록
② ECG(electrocardiogram; 심전도) : 심장근 활동 전위차의 기록
③ ENG 또는 EEG(electroneurogram; 뇌전도) : 신경활동 전위차의 기록
④ EOG(electrooculogram; 안전도) : 안구(眼球)운동 전위차의 기록
⑤ 산소소비량
⑥ 에너지 소비량(RMR)
⑦ 피부전기반사(GSR)
⑧ 점멸 융합 주파수(플리커법, 어름거림 검사)

15. 에너지 대사율(RMR) ✖✖

① 작업강도는 에너지 대사율로 나타낸다.

RMR의 계산
$\text{RMR} = \dfrac{\text{노동대사량}}{\text{기초대사량}} = \dfrac{\text{작업시의 소비 energy} - \text{안정시 소비 energy}}{\text{기초대사량}}$

② 작업시의 소비에너지는 작업 중에 소비한 산소의 소모량으로 측정한다.
③ 안정시의 소비에너지는 의자에 앉아서 호흡하는 동안에 소비한 산소의 소모량으로 측정한다.

16. 작업강도 구분에 따른 RMR ✖✖

① 경작업(輕작업, 가벼운 작업) : 1~2
② 중작업(中작업, 보통 작업) : 2~4
③ 중작업(重작업, 힘든 작업) : 4~7
④ 초중작업(超重작업, 굉장히 힘든 작업) : 7 이상

17. 휴식시간의 계산 ✖✖

$$\text{휴식시간}(R) = \frac{60 \times (E-5)}{E-1.5} \, [\text{분}]$$

- 1.5 : 휴식 중의 에너지 소비량
- 5(kcal/분) : 기초대사량을 포함한 보통작업에 대한 평균 에너지
  (기초대사량을 포함하지 않을 경우 : 4kcal/분)
- 60(분) : 작업시간
- E(kcal/분) : 주어진 작업 시 필요한 에너지

18. 바이오리듬의 종류

육체적 리듬(P)	• 23일 주기 • 청색의 실선으로 표시 • **식욕, 소화력, 활동력, 지구력** 등을 나타냄
감성적 리듬(S)	• 28일 주기 • 적색의 점선으로 표시 • **감정, 주의심, 창조력, 희노애락** 등을 나타냄
지성적 리듬(I)	• 33일 주기 • 녹색의 일점쇄선으로 표시 • **상상력, 사고력, 기억력, 인지력, 판단력** 등을 나타냄

19. 생체리듬의 변화

① 야간에는 체중이 감소한다.
② 야간에는 말초운동 기능이 저하된다.
③ 체온, 혈압, 맥박 수는 주간에 상승하고 야간에 감소한다.
④ 혈액의 수분과 염분량은 주간에 감소하고 야간에 증가한다.

제5장 안전보건교육의 내용 및 방법

1. 자극과 반응이론(S-R이론)

학습이란 어떤 자극(S)에 대해서 생체가 나타내는 특정 반응(R)의 결합으로 이루어진다는 학습이론으로 Thorndike가 이 이론의 시초라고 할 수 있다.

① **돈다이크(Thorndike)의 학습의 법칙(시행착오설)** : 학습이란 맹목적인 시행을 되풀이하는 가운데 자극과 반응의 결합의 과정이다.
  ㉠ **준비성**의 법칙   ㉡ **연습 또는 반복**의 법칙
  ㉢ **효과**의 법칙
② 파블로프의 조건반사설(자극과 반응이론 : S – R이론) : 유기체에 자극을 주면 반응함으로써 새로운 행동이 발달된다.
  ㉠ **일관성**의 원리   ㉡ **계속성**의 원리
  ㉢ **시간**의 원리   ㉣ **강도**의 원리
③ 스키너의 조작적 조건화설
④ 반두라(Bandura)의 사회학습이론

2. 하버드학파의 교수법

1단계	⇨	2단계	⇨	3단계	⇨	4단계	⇨	5단계
준비시킨다.		교시시킨다.		연합한다.		총괄한다.		응용시킨다.

3. 톨만(Tolman)의 기호형태설

학습은 환경에 대한 인지 지도를 신경조직 속에 형성시키는 것이다.

4. 학습지도의 원리

① **자발성의 원리** : 학습자 스스로가 능동적으로 학습활동에 의욕을 가지고 참여하도록 하는 원리
② **개별화의 원리** : 학습자를 존중하고, 학습자 개개인의 능력, 소질, 성향 등 모든 발달 가능성을 신장시키려는 원리
③ **목적의 원리** : 학습자는 학습목표가 분명하게 인식되었을 때 자발적이고 적극적인 학습활동을 하게 된다.
④ **사회화의 원리** : 학교교육을 통하여 학생들이 사회화되어 유용한 사회인으로 육성시키고자 하는 교육이다.
⑤ **통합화의 원리** : 학습자를 전체적 인격체로 보고 그에게 내제하여 있는 모든 능력을 조화적으로 발달시키기 위한 생활 중심의 통합교육을 원칙으로 하는 원리

5. 전이

한 상황에서 실시한 학습이 다른 상황의 학습에 영향을 끼치는 현상

6. 앞에 실시한 교육이 뒤에 실시한 학습을 방해하는 조건

① **학습의 정도** : 앞의 학습이 불완전할 경우
② **유사성** : 앞 뒤의 학습내용이 비슷한 경우
③ **시간적 간격** : 뒤의 학습을 앞의 학습 직후에 실시하는 경우 혹은 앞의 학습내용을 제어하기 직전에 실시하는 경우
④ **학습자의 태도**
⑤ **학습자의 지능**

7. 기억의 과정

① **기억** : 과거 행동이 미래 행동에 영향을 줌
② **기명** : 사물의 인상을 마음에 간직함
③ **파지** : 인상이 보존됨

④ 재생 : 보존된 인상이 떠오름
⑤ 재인 : 과거에 경험했던 것과 비슷한 상황에서 떠오르는 현상

8. 적응기제 ✗

방어적 기제	도피적 기제
• 보상 • 합리화 • 동일시 • 승화	• 고립 • 퇴행 • 억압 • 백일몽

9. 슈퍼(SUPER D.E)의 역할이론 ✗

① 역할 연기(Role playing) : 자아 탐색인 동시에 자아실현의 수단이다.
② 역할 기대(Role expection)
③ 역할 조성(Role shaping)
④ 역할 갈등(R. K trubling)

10. OJT와 OFF JT의 특징 ✗

① OJT(On The Job Training) : 직속상사가 부하직원에게 일상업무를 통하여 지식, 기능, 문제해결 능력 및 태도 등을 교육하는 방법으로 개별교육에 적합하다.
② OFF JT(Off The Job Training) : 외부강사를 초청하여 근로자를 일정한 장소에 집합시켜 실시하는 교육형태로서 집합교육에 적합하다.

OJT의 특징 ✗	① 개개인에게 적절한 훈련이 가능하다. ② 직장의 실정에 맞는 훈련이 가능하다. ③ 교육효과가 즉시 업무에 연결된다. ④ 훈련에 대한 업무의 계속성이 끊어지지 않는다. ⑤ 상호 신뢰 이해도가 높다.
OFF JT의 특징 ✗	① 다수의 근로자들에게 훈련을 할 수 있다. ② 훈련에만 전념하게 된다. ③ 특별설비기구 이용이 가능하다. ④ 많은 지식이나 경험을 교류할 수 있다. ⑤ 교육 훈련 목표에 대하여 집단적 노력이 흐트러질 수 있다.

11. 관리감독자 대상 교육

① TWI(Training Within Industry) ✈✈ : 일선관리감독자 대상 교육

> **TWI 교육과정(교육내용) ✈✈**
>
> ① 작업 방법 기법(Job Method Training : JMT)
> ② 작업 지도 기법(Job Instruction Training : JIT)
> ③ 인간 관계관리 기법 or 부하통솔법(Job Relations Training : JRT)
> ④ 작업 안전 기법(Job Safety Training : JST)

② MTP(Management Training Program) : 중간계층관리자 대상 교육으로 2시간씩 20회에 걸쳐 40시간 훈련한다.
③ ATT(American Telephone & Telegraph Company) : 한정되어 있지 않고 한번 교육을 이수한 자는 부하에게 지도가 가능하다.
④ CCS(Civil Communication Section) : 최고층 관리감독자 대상 교육

12. 학습의 정도 4단계 ✈

① **인지**(to acquaint)	~을 인지하여야 한다.
② **지각**(to know)	~을 알아야 한다.
③ **이해**(to understand)	~을 이해하여야 한다.
④ **적용**(to apply)	~을 ~에 적용할 수 있어야 한다.

13. 교육의 3요소 ✈

	교육의 주체	교육의 객체	교육의 매개체
형식적 교육	강사	학생(수강자)	교재(학습내용)
비형식적 교육	부모, 형, 선배, 사회인사	자녀와 미성숙자	교육적 환경 인간관계

14. 교육의 3단계 ✈

① 제1단계(지식교육) : 강의 및 시청각 교육 등을 통하여 **지식을 전달하는 단계**
② 제2단계(기능교육) : 시범, 견학, 현장실습 교육 등을 통하여 **경험을 체득하는 단계**
③ 제3단계(태도교육) : 작업 동작 지도 등을 통하여 **안전 행동을 습관화 하는 단계**

[태도교육 실시 순서 ✈]

| 청취한다. | ⇨ | 이해, 납득 시킨다. | ⇨ | 모범을 보인다. | ⇨ | 권장한다. | ⇨ | 평가한다. (상과 벌) |

15. 교육진행 4단계 ✭

단계	교육방법
제1단계 : 도입 (학습할 준비를 시킨다)	• 마음을 안정시킨다. • 무슨 작업을 할 것인가를 말해준다. • 그 작업에 대해 알고 있는 정도를 확인한다. • **작업을 배우고 싶은 의욕을 갖게 한다.** • 정확한 위치에 자리잡게 한다.
제2단계 : 제시 (작업을 설명한다)	• 주요 단계를 하나씩 설명해주고, 시범해 보이고, 그려 보인다. • 급소를 강조한다. • **확실하게, 빠짐없이, 끈기 있게 지도한다.**
제3단계 : 적용 (작업을 시켜본다)	• 작업을 지켜보고 잘못을 고쳐준다. • 작업을 시키면서 설명하게 한다. • 다시 한번 시키면서 **급소를 말하게 한다.** • 확실히 알았다고 할 때까지 확인한다. • 이해할 수 있는 능력 이상으로 강요하지 않는다.
제4단계 : 확인 (가르친 뒤 **살펴본다**)	• 일에 임하도록 한다. • 모르는 것이 있을 때는 물어 볼 사람을 정해 둔다. • 질문을 하도록 분위기를 조성한다. • 점차 지도 횟수를 줄여간다.

16. 교육실시 방법의 종류

① **강의법** : 강사가 중심이 되어 학습자들에게 지식, 개념, 사실 등의 정보를 제공하는 것을 목적으로 하여 해설방식으로 진행하는 학습지도 형태

[강의법의 장·단점]

장점 ✭	• 새로운 기술, 지식, 정보를 체계적으로 전달할 수 있다. • 많은 양의 정보를 전달할 수 있다. • 구체적인 사실적 정보의 제공과 요점을 파악하기에 효율적이다.
단점	• 학습자의 성향을 고려할 수 없다. • 학습자의 능동적 참여를 기대할 수 없다.

② **토의법** : 집단구성원들이 특정한 문제에 대하여 서로 의견을 발표하면서 올바른 결론에 도달하는 학습방법이다.

[토의법의 장·단점]

장점	• 학습자의 적극적인 참여를 통해 학습동기와 흥미를 유발시킬 수 있다. • 자기 스스로 사고하는 능력 및 표현력을 키울 수 있다. • 사회적 기능 및 태도를 형성시킬 수 있다. • 강사가 학습자의 이해 정도를 파악하기 쉽다.
단점	• 시간이 많이 소요된다. • 내용에 대한 사전 지식이 필요하다.

③ **실연법** : 학습자가 이미 설명을 듣거나 시범을 보고 알게 된 지식이나 기능을 강사의 감독아래 직접적으로 연습해 적용케 하는 교육방법이다.
④ **모의법** : 실제의 장면이나 상태와 극히 유사한 사태를 인위적으로 만들어 그 속에서 학습토록 하는 교육방법이다.
⑤ **프로그램 학습법** : 학생이 혼자서 자기능력과 시간, 학습속도에 맞추어 학습할 수 있도록 프로그램 학습자료를 이용하여 학습하는 형태이다.

[프로그램 학습법의 장·단점]

장점	• 지능, 학습속도 등 개인차를 고려할 수 있다. • 수업의 모든 단계에 적용이 가능하다. • 수강자들이 학습이 가능한 시간대의 폭이 넓다.
단점	• 한 번 개발된 프로그램 자료는 변경이 어렵다. • 교육 내용이 고정되어 있다. • 학습에 많은 시간이 걸린다. • 집단 사고의 기회가 없다.

⑥ **시청각교육법** : 라디오·텔레비전·견학 등 다양한 시청각 교육매체를 이용하여 학습자의 감각기관을 통해 학습효과를 높이기 위한 학습방법. 교육 대상자 수가 많고 교육 대상자의 학습능력의 차가 큰 경우 집단안전교육 방법으로 가장 효과적이다.
⑦ **구안법(Project method)** : 학습자가 마음 속에 생각하고 있는 것(자신의 목표)을 구체적으로 실천하기 위하여 스스로 계획을 세워 수행하는 학습활동이다.

[Project method의 실시 순서]

1단계	⇨	2단계	⇨	3단계	⇨	4단계
목적		계획		수행		평가

⑧ 문제법(Problem Method) : 새로운 문제에 당면했을 때 그 문제를 해결하는 과정에서 이루어지는 학습방법

[Problem Method의 실시 순서]

1단계		2단계		3단계		4단계		5단계
문제의 인식	⇨	해결방법의 연구 계획	⇨	자료의 수집	⇨	해결방법의 실시	⇨	정리와 결과의 검토

17. 토의식 교육법의 종류 ✈

① **사례연구법(Case Study : Case Method)** : 먼저 사례를 제시, 문제적 사실들과 그의 상호관계에 대해서 검토하고 대책을 토의하는 학습법이다.

사례연구법의 장점
• 학습에 흥미가 있고, 학습동기를 유발할 수 있다. • 현실적인 문제의 학습이 가능하다. • 관찰력과 분석력을 높일 수 있다. • 의사소통 기술이 향상된다. • 문제를 다양한 관점에서 바라보게 된다.

② **롤 플레잉(Role Playing)** : 롤 플레잉(역할연기)는 참가자에게 일정한 역할을 주어서 실제적으로 연기를 시켜봄으로써 자기의 역할을 보다 확실히 인식시키는 방법이다.
③ **포럼(Forum)** : 새로운 자료나 교재를 제시, 거기서의 문제점을 피교육자로 하여금 제기하게 하여 발표하고 토의하는 방법이다.
④ **심포지엄(Symposium)** : 몇 사람의 전문가에 의하여 과제에 관한 견해를 발표한 뒤 참가자로 하여금 의견이나 질문을 하게 하여 토의하는 방법이다.
⑤ **패널 디스커션(Panel discussion)** : 패널 멤버(교육과제에 정통한 전문가 4~5명)가 피교육자 앞에서 토의를 하고, 뒤에 피교육자 전원이 참가하여 사회자의 사회에 따라 토의하는 방법이다.
⑥ **버즈 세션(Buzz Session)** : 6-6 회의, 사회자와 기록계를 선출한 후 6명씩의 소집단으로 구분하고, 소집단별로 6분씩 자유토의를 행하여 의견을 종합하는 방법이다.

18. 사업주가 근로자에게 실시해야 하는 안전보건교육의 교육시간 ✖✖✖

① 근로자 안전보건교육

교육과정	교육대상		교육시간
가. 정기교육	1) 사무직 종사 근로자		매반기 6시간 이상
	2) 그 밖의 근로자	가) 판매업무에 직접 종사하는 근로자	매반기 6시간 이상
		나) 판매업무에 직접 종사하는 근로자 외의 근로자	매반기 12시간 이상
나. 채용 시 교육	1) 일용근로자 및 근로계약기간이 1주일 이하인 기간제 근로자		1시간 이상
	2) 근로계약기간이 1주일 초과 1개월 이하인 기간제 근로자		4시간 이상
	3) 그 밖의 근로자		8시간 이상
다. 작업내용 변경 시 교육	1) 일용근로자 및 근로계약기간이 1주일 이하인 기간제 근로자		1시간 이상
	2) 그 밖의 근로자		2시간 이상
라. 특별교육	1) 일용근로자 및 근로계약기간이 1주일 이하인 기간제 근로자(타워크레인 신호작업에 종사하는 근로자 제외)		2시간 이상
	2) 일용근로자 및 근로계약기간이 1주일 이하인 기간제 근로자 중 타워크레인 신호작업에 종사하는 근로자		8시간 이상
	3) 일용근로자 및 근로계약기간이 1주일 이하인 기간제 근로자를 제외한 근로자		가) 16시간 이상 (최초 작업에 종사하기 전 4시간 이상 실시하고 12시간은 3개월 이내에서 분할하여 실시 가능) 나) 단기간 작업 또는 간헐적 작업인 경우에는 2시간 이상
마. 건설업 기초안전· 보건교육	건설 일용근로자		4시간 이상

② 관리감독자 안전보건교육

교육과정	교육시간
가. 정기교육	연간 16시간 이상
나. 채용 시 교육	8시간 이상
다. 작업내용 변경 시 교육	2시간 이상
라. 특별교육	16시간 이상(최초 작업에 종사하기 전 4시간 이상 실시하고, 12시간은 3개월 이내에서 분할하여 실시 가능)
	단기간 작업 또는 간헐적 작업인 경우에는 2시간 이상

19. 특수형태근로종사자에 대한 안전보건교육 ✖✖✖

교육과정	교육시간
가. 최초 노무제공 시 교육	2시간 이상(단기간 작업 또는 간헐적 작업에 노무를 제공하는 경우에는 1시간 이상 실시하고, 특별교육을 실시한 경우는 면제)
나. 특별교육	16시간 이상(최초 작업에 종사하기 전 4시간 이상 실시하고 12시간은 3개월 이내에서 분할하여 실시가능)
	단기간 작업 또는 간헐적 작업인 경우에는 2시간 이상

20. 안전보건관리책임자 등에 대한 교육(직무교육) ✖✖✖

교육대상	교육시간	
	신규교육	보수교육
가. 안전보건관리책임자	6시간 이상	6시간 이상
나. 안전관리자, 안전관리전문기관의 종사자	34시간 이상	24시간 이상
다. 보건관리자, 보건관리전문기관의 종사자	34시간 이상	24시간 이상
라. 건설재해예방 전문지도기관의 종사자	34시간 이상	24시간 이상
마. 석면조사기관의 종사자	34시간 이상	24시간 이상
바. 안전보건관리담당자	–	8시간 이상
사. 안전검사기관, 자율안전검사기관의 종사자	34시간 이상	24시간 이상

21. 검사원 성능검사 교육 ✩✩✩

교육과정	교육대상	교육시간
성능검사 교육	-	28시간 이상

22. 사업자가 근로자에게 실시해야 하는 안전보건교육의 교육내용

(1) 근로자의 안전·보건교육 ✩✩✩

근로자의 정기 안전·보건교육 내용

① 산업안전 및 산업재해 예방에 관한 사항(화재 · 폭발 사고 발생 시 대피에 관한 사항을 포함한다)
② 산업보건 및 건강장해 예방에 관한 사항(폭염 · 한파작업으로 인한 건강장해 발생 시 응급조치에 관한 사항을 포함한다)
③ 유해 · 위험 작업환경 관리에 관한 사항
④ 산업안전보건법령 및 산업재해보상보험제도에 관한 사항
⑤ 직무스트레스 예방 및 관리에 관한 사항
⑥ 직장 내 괴롭힘, 고객의 폭언 등으로 인한 건강장해 예방 및 관리에 관한 사항
⑦ 건강증진 및 질병 예방에 관한 사항
⑧ 위험성 평가에 관한 사항

> **공통 항목(관리감독자, 근로자)**
> 1. 근로자는 법, 산재보상제도를 알자.
> 2. 근로자는 건강을 보존(산업보건)하고 건강장해, 스트레스, 괴롭힘, 폭언 예방하자!
> 3. 근로자는 유해위험 환경을 관리해서 안전하고 산업재해 예방하자!
> 4. 근로자는 위험성을 평가하자!
>
> **근로자 정기교육의 특징**
> 1. 근로자는 건강증진하고 질병예방하자!

근로자 채용 시 교육 및 작업내용 변경 시 교육내용

① 산업안전 및 산업재해 예방에 관한 사항(화재·폭발 사고 발생 시 대피에 관한 사항을 포함한다)
② 산업보건 및 건강장해 예방에 관한 사항
③ 산업안전보건법령 및 산업재해보상보험제도에 관한 사항
④ 직무스트레스 예방 및 관리에 관한 사항
⑤ 직장 내 괴롭힘, 고객의 폭언 등으로 인한 건강장해 예방 및 관리에 관한 사항
⑥ 기계·기구의 위험성과 작업의 순서 및 동선에 관한 사항
⑦ 물질안전보건자료에 관한 사항
⑧ 작업 개시 전 점검에 관한 사항
⑨ 정리정돈 및 청소에 관한 사항
⑩ 사고 발생 시 긴급조치에 관한 사항
⑪ 위험성 평가에 관한 사항

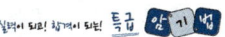

공통 항목
1. 신규자는 법, 산재보상제도를 알자!
2. 신규자는 건강을 보존(산업보건)하고 건강장해, 스트레스, 괴롭힘, 폭언 예방하자!
3. 신규자는 안전하고 산업재해 예방하자!
4. 신규자는 위험성을 평가하자!

신규채용자는 회사에 처음 입사해서 처음 일을 하는 근로자, 안전하게 일하기 위한 기본내용을 교육한다.
1. 신규자는 기계기구 위험성, 작업순서, 동선을 알자!
2. 신규자는 취급물질의 위험성(물질안전보건자료)을 알자!
3. 신규자는 작업 전 점검하자!
4. 신규자는 항상 정리정돈 청소하자!
5. 신규자는 사고 시 조치를 알자!

(2) 관리감독자의 안전·보건교육 ✰✰✰

관리감독자의 정기 안전·보건교육 내용

① 산업안전 및 산업재해 예방에 관한 사항(화재·폭발 사고 발생 시 대피에 관한 사항을 포함한다)
② 산업보건 및 건강장해 예방에 관한 사항(폭염·한파작업으로 인한 건강장해 발생 시 응급조치에 관한 사항을 포함한다)
③ 유해·위험 작업환경 관리에 관한 사항
④ 산업안전보건법령 및 산업재해보상보험 제도에 관한 사항
⑤ 직무스트레스 예방 및 관리에 관한 사항
⑥ 직장 내 괴롭힘, 고객의 폭언 등으로 인한 건강장해 예방 및 관리에 관한 사항
⑦ 위험성평가에 관한 사항
⑧ 작업공정의 유해·위험과 재해 예방대책에 관한 사항
⑨ 표준안전 작업방법 결정 및 지도·감독 요령에 관한 사항
⑩ 비상시 또는 재해 발생 시 긴급조치에 관한 사항
⑪ 사업장 내 안전보건관리체제 및 안전·보건조치 현황에 관한 사항
⑫ 현장근로자와의 의사소통능력 및 강의능력 등 안전보건교육 능력 배양에 관한 사항
⑬ 그 밖의 관리감독자의 직무에 관한 사항

실패기 되고! 참개가 되는! 특급 **암기법**

> **공통 항목(관리감독자, 근로자)**
> 1. 관리자는 법, 산재보상제도를 알자.
> 2. 관리자는 건강을 보존(산업보건)하고 건강장해, 스트레스, 괴롭힘, 폭언 예방하자!
> 3. 관리자는 유해위험 환경을 관리해서 안전하고 산업재해 예방하자!
> 4. 관리자는 위험성을 평가하자!
>
> **관리감독자 정기교육의 특징**
> 1. 관리자는 유해위험의 재해예방대책 세우자!
> 2. 관리자는 안전 작업방법 결정해서 감독하자!
> 3. 관리자는 재해발생 시 긴급조치하자!
> 4. 관리자는 안전보건 조치하자!
> 5. 관리자는 안전보건교육 능력 배양하자!

관리감독자의 채용 시 교육 및 작업내용 변경 시 교육내용

① 산업안전 및 산업재해 예방에 관한 사항(화재·폭발 사고 발생 시 대피에 관한 사항을 포함한다)
② 산업보건 및 건강장해 예방에 관한 사항
③ 산업안전보건법령 및 산업재해보상보험 제도에 관한 사항
④ 직무스트레스 예방 및 관리에 관한 사항
⑤ 직장 내 괴롭힘, 고객의 폭언 등으로 인한 건강장해 예방 및 관리에 관한 사항
⑥ 위험성평가에 관한 사항
⑦ 기계·기구의 위험성과 작업의 순서 및 동선에 관한 사항
⑧ 작업 개시 전 점검에 관한 사항
⑨ 물질안전보건자료에 관한 사항
⑩ 사업장 내 안전보건관리체제 및 안전·보건조치 현황에 관한 사항
⑪ 표준안전 작업방법 결정 및 지도·감독 요령에 관한 사항
⑫ 비상시 또는 재해 발생 시 긴급조치에 관한 사항
⑬ 그 밖의 관리감독자의 직무에 관한 사항

> **특급 암기법**
>
> 공통 항목 - 채용시 근로자 교육과 동일
> 1. 신규 관리자는 법, 산재보상제도를 알자!
> 2. 근로자는 건강을 보존(산업보건)하고 건강장해, 스트레스, 괴롭힘, 폭언 예방하자!
> 3. 근로자는 유해위험 환경을 관리해서 안전하고 산업재해 예방하자!
> 4. 신규 관리자는 위험성을 평가하자!
>
> 채용시 근로자 교육 중 "정리정돈 청소" 제외
> 1. 신규 관리자는 기계기구 위험성, 작업순서, 동선을 알자!
> 2. 신규 관리자는 취급물질의 위험성(물질안전보건자료)을 알자!
> 3. 신규 관리자는 작업 전 점검하자!
>
> 신규 관리자 내용 추가
> 1. 신규 관리자는 안전보건 조치하자!
> 2. 신규 관리자는 안전 작업방법 결정해서 감독하자!
> 3. 신규 관리자는 재해 시 긴급조치하자!

(3) 건설업 기초안전·보건교육에 대한 내용 및 시간 ✽✽

교육 내용	시간
1. 건설공사의 종류(건축, 토목 등) 및 시공 절차	1시간
2. 산업재해 유형별 위험요인 및 안전보건조치	2시간
3. 안전보건관리체제 현황 및 산업안전보건 관련 근로자 권리·의무	1시간

(4) 특수형태근로종사자에 대한 안전보건교육(최초 노무제공 시 교육)

교육내용

아래의 내용 중 특수형태근로종사자의 직무에 적합한 내용을 교육해야 한다.

① 교통안전 및 운전안전에 관한 사항
② 보호구 착용에 대한 사항
③ 산업안전 및 산업재해 예방에 관한 사항(화재·폭발 사고 발생 시 대피에 관한 사항을 포함한다)
④ 산업보건 및 건강장해 예방에 관한 사항
⑤ 건강증진 및 질병 예방에 관한 사항
⑥ 유해·위험 작업환경 관리에 관한 사항
⑦ 기계·기구의 위험성과 작업의 순서 및 동선에 관한 사항
⑧ 작업 개시 전 점검에 관한 사항
⑨ 정리정돈 및 청소에 관한 사항
⑩ 사고 발생 시 긴급조치에 관한 사항
⑪ 물질안전보건자료에 관한 사항
⑫ 직무스트레스 예방 및 관리에 관한 사항
⑬ 직장 내 괴롭힘, 고객의 폭언 등으로 인한 건강장해 예방 및 관리에 관한 사항
⑭ 산업안전보건법령 및 산업재해보상보험 제도에 관한 사항

실패니 되리! 합격이 되는! 특급 **알기법**

> 채용 시 교육 내용 + 근로자 정기교육 내용 + 보호구 + 교통, 운전안전(위험성평가 제외)

(5) 물질안전보건 자료에 관한 교육내용 ✪

- 대상화학물질의 명칭(또는 제품명)
- 물리적 위험성 및 건강 유해성
- 취급상의 주의사항
- 적절한 보호구
- 응급조치 요령 및 사고시 대처방법
- 물질안전보건자료 및 경고표지를 이해하는 방법

제6장 산업안전 관계법규

1. 작업시작전 점검 ✿✿✿

작업의 종류	점검내용
1. 프레스 등을 사용하여 작업을 할 때	가. 클러치 및 브레이크의 기능 나. 크랭크축·플라이휠·슬라이드·연결봉 및 연결나사의 풀림 여부 다. 1행정 1정지기구·급정지장치 및 비상정지장치의 기능 라. 슬라이드 또는 칼날에 의한 위험방지 기구의 기능 마. 프레스의 금형 및 고정볼트 상태 바. 방호장치의 기능 사. 전단기(剪斷機)의 칼날 및 테이블의 상태
2. 로봇의 작동 범위에서 그 로봇에 관하여 교시등(로봇의 동력원을 차단하고 하는 것은 제외한다)의 작업을 할 때	가. 외부 전선의 피복 또는 외장의 손상 유무 나. 매니퓰레이터(manipulator) 작동의 이상 유무 다. 제동장치 및 비상정지장치의 기능
3. 공기압축기를 가동할 때	가. 공기저장 압력용기의 외관 상태 나. 드레인밸브(drain valve)의 조작 및 배수 다. 압력방출장치의 기능 라. 언로드밸브(unloading valve)의 기능 마. 윤활유의 상태 바. 회전부의 덮개 또는 울의 상태 사. 그 밖의 연결 부위의 이상 유무
4. 크레인을 사용하여 작업을 하는 때	가. 권과방지장치·브레이크·클러치 및 운전장치의 기능 나. 주행로의 상측 및 트롤리(trolley)가 횡행하는 레일의 상태 다. 와이어로프가 통하고 있는 곳의 상태
5. 이동식 크레인을 사용하여 작업을 할 때	가. 권과방지장치나 그 밖의 경보장치의 기능 나. 브레이크·클러치 및 조정장치의 기능 다. 와이어로프가 통하고 있는 곳 및 작업장소의 지반상태
6. 리프트를 사용하여 작업을 할 때	가. 방호장치·브레이크 및 클러치의 기능 나. 와이어로프가 통하고 있는 곳의 상태

작업의 종류	점검내용
7. 곤돌라를 사용하여 작업을 할 때	가. 방호장치·브레이크의 기능 나. 와이어로프·슬링와이어(sling wire) 등의 상태
8. 양중기의 와이어로프·달기체인·섬유로프·섬유벨트 또는 훅·샤클·링 등의 철구를 사용하여 고리걸이작업을 할 때	와이어로프 등의 이상 유무
9. 지게차를 사용하여 작업을 하는 때	가. 제동장치 및 조종장치 기능의 이상 유무 나. 하역장치 및 유압장치 기능의 이상 유무 다. 바퀴의 이상 유무 라. 전조등·후미등·방향지시기 및 경보장치 기능의 이상 유무
10. 구내운반차를 사용하여 작업을 할 때	가. 제동장치 및 조종장치 기능의 이상 유무 나. 하역장치 및 유압장치 기능의 이상 유무 다. 바퀴의 이상 유무 라. 전조등·후미등·방향지시기 및 경음기 기능의 이상 유무 마. 충전장치를 포함한 홀더 등의 결합상태의 이상 유무
11. 고소작업대를 사용하여 작업을 할 때	가. 비상정지장치 및 비상하강 방지장치 기능의 이상 유무 나. 과부하 방지장치의 작동 유무(와이어로프 또는 체인구동방식의 경우) 다. 아웃트리거 또는 바퀴의 이상 유무 라. 작업면의 기울기 또는 요철 유무 마. 활선작업용 장치의 경우 홈·균열·파손 등 그 밖의 손상 유무
12. 화물자동차를 사용하는 작업을 하게 할 때	가. 제동장치 및 조종장치의 기능 나. 하역장치 및 유압장치의 기능 다. 바퀴의 이상 유무
13. 컨베이어 등을 사용하여 작업을 할 때	가. 원동기 및 풀리(pulley) 기능의 이상 유무 나. 이탈 등의 방지장치 기능의 이상 유무 다. 비상정지장치 기능의 이상 유무 라. 원동기·회전축·기어 및 풀리 등의 덮개 또는 울 등의 이상 유무

작업의 종류	점검내용
14. 차량계 건설기계를 사용하여 작업을 할 때	브레이크 및 클러치 등의 기능
14-2. 용접·용단 작업 등의 화재위험작업을 할 때 (제2편 제2장 제2절)	가. 작업 준비 및 작업 절차 수립 여부 나. 화기작업에 따른 인근 가연성물질에 대한 방호조치 및 소화기구 비치 여부 다. 용접불티 비산방지덮개 또는 용접방화포 등 불꽃·불티 등의 비산을 방지하기 위한 조치 여부 라. 인화성 액체의 증기 또는 인화성 가스가 남아 있지 않도록 하는 환기 조치 여부 마. 작업근로자에 대한 화재예방 및 피난교육 등 비상조치 여부 실력이 된다! 합격이 된다! **특급 암기법** 작업 준비, 절차 수립 → 불꽃 비산 방지 → 환기 → 소화기구 → 화재예방, 피난 교육
15. 이동식 방폭구조(防爆構造) 전기기계·기구를 사용할 때	전선 및 접속부 상태
16. 근로자가 반복하여 계속적으로 중량물을 취급하는 작업을 할 때	가. 중량물 취급의 올바른 자세 및 복장 나. 위험물이 날아 흩어짐에 따른 보호구의 착용 다. 카바이드·생석회(산화칼슘) 등과 같이 온도상승이나 습기에 의하여 위험성이 존재하는 중량물의 취급방법 라. 그 밖에 하역운반기계 등의 적절한 사용방법
17. 양화장치를 사용하여 화물을 싣고 내리는 작업을 할 때	가. 양화장치(揚貨裝置)의 작동상태 나. 양화장치에 제한하중을 초과하는 하중을 실었는지 여부

2. 공정안전보고서

(1) 공정안전보고서의 작성·제출

1) **사업주**는 사업장에 대통령령으로 정하는 유해하거나 위험한 설비가 있는 경우 그 설비로부터의 위험물질 누출, 화재 및 폭발 등으로 인하여 사업장 내의 근로자에게 즉시 피해를 주거나 사업장 인근 지역에 피해를 줄 수 있는 사고로서 대통령령으로 정하는 사고("중대산업사고")를 예방하기 위하여 대통령령으로 정하는 바에 따라 공정안전보고서를 작성하고 고용노동부장관에게 제출하여 심사를 받아야 한다. 이 경우 공정안전보고서의 내용이 중대산업사고를 예방하기 위하여 적합하다고 통보받기 전에는 관련된 유해하거나 위험한 설비를 가동해서는 아니 된다. ✄

2) 사업주는 공정안전보고서를 작성할 때 산업안전보건위원회의 심의를 거쳐야 한다. 다만, 산업안전보건위원회가 설치되어 있지 아니한 사업장의 경우에는 근로자대표의 의견을 들어야한다. ✄

3) 공정안전보고서의 제출 시기

   사업주는 유해·위험설비의 설치·이전 또는 주요 구조부분의 변경공사의 착공 30일 전까지 공정안전보고서를 2부 작성하여 공단에 제출하여야 한다.

(2) 공정안전보고서 제출 대상 ✄✄✄

① 원유 정제처리업
② 기타 석유정제물 재처리업
③ 석유화학계 기초화학물 제조업 또는 합성수지 및 기타 플라스틱물질 제조업
④ **질소 화합물**, 질소·인산 및 칼리질 화학비료 제조업 중 **질소질 비료 제조**
⑤ 복합비료 및 기타 화학비료 제조업 중 **복합비료 제조**(단순혼합 또는 배합에 의한 경우는 제외한다)
⑥ 화학 살균·살충제 및 농업용 약제 제조업[농약 원제(原劑) 제조만 해당한다]
⑦ 화약 및 불꽃제품 제조업

| 화재·폭발 – 원유, 석유정제물, 화약 및 불꽃제품 |
| 중독·질식 – 농약, 비료(복합비료, 질소질 비료) |

(3) 공정안전보고서의 내용 ✮✮✮
  ① 공정안전자료
  ② 공정위험성 평가서
  ③ 안전운전계획
  ④ 비상조치계획
  ⑤ 그 밖에 공정상의 안전과 관련하여 노동부장관이 필요하다고 인정하여 고시하는 사항

3. 물질안전보건자료(MSDS)

(1) 물질안전보건자료의 작성 및 제출

화학물질 또는 이를 함유한 혼합물로서 "물질안전보건자료대상물질"을 제조하거나 수입하려는 자는 다음 각 호의 사항을 적은 물질안전보건자료를 고용노동부령으로 정하는 바에 따라 작성하여 고용노동부장관에게 제출하여야 한다. 이 경우 고용노동부장관은 고용노동부령으로 물질안전보건자료의 기재 사항이나 작성 방법을 정할 때 「화학물질관리법」 및 「화학물질의 등록 및 평가 등에 관한 법률」과 관련된 사항에 대해서는 환경부장관과 협의하여야 한다.

물질안전보건자료에 적어야 하는 사항 ✮✮

1. 제품명
2. 물질안전보건자료 대상물질을 구성하는 화학물질 중 유해인자의 분류기준에 해당하는 화학물질의 명칭 및 함유량
3. 안전 및 보건상의 취급 주의 사항
4. 건강 및 환경에 대한 유해성, 물리적 위험성
5. 물리·화학적 특성 등 고용노동부령으로 정하는 사항
    ① 물리·화학적 특성
    ② 독성에 관한 정보
    ③ 폭발·화재 시의 대처 방법
    ④ 응급조치 요령
    ⑤ 그 밖에 고용노동부장관이 정하는 사항

물질안전보건자료의 작성항목(Data Sheet 16가지 항목) ☆☆

1. 화학제품과 회사에 관한 정보
2. 유해·위험성
3. 구성성분의 명칭 및 함유량
4. 응급조치요령
5. 폭발·화재 시 대처 방법
6. 누출사고 시 대처방법
7. 취급 및 저장 방법
8. 노출방지 및 개인보호구
9. 물리화학적 특성
10. 안정성 및 반응성
11. 독성에 관한 정보
12. 환경에 미치는 영향
13. 폐기 시 주의사항
14. 운송에 필요한 정보
15. 법적규제 현황
16. 기타 참고사항

실력이 되고! 합격이 되는! 특급 암기법

1. 제품·회사
2. 명칭·함유량
3. 물리 화학적 특성
   - 유해·위험성
   - 안전성·반응성
   - 독성
   - 환경
4. 취급·저장법
   - 운송
   - 폐기
5. 대처법
   - 노출방지·보호구
   - 응급조치
   - 누출사고
   - 폭발·화재
6. 법적규제

(2) 물질안전보건자료의 제공 ☆☆

① 물질안전보건자료 대상물질을 양도하거나 제공하는 자는 이를 양도받거나 제공받는 자에게 물질안전보건자료를 제공하여야 한다.
② 물질안전보건자료 대상물질을 제조하거나 수입한 자는 이를 양도받거나 제공받은 자에게 변경된 물질안전보건자료를 제공하여야 한다.
③ 동일한 상대방에게 같은 물질안전보건자료대상물질을 2회 이상 계속하여 양도 또는 제공하는 경우에는 해당 물질안전보건자료대상물질에 대한 물질안전보건자료의 변경이 없으면 추가로 물질안전보건자료를 제공하지 않을 수 있다. 다만, 상대방이 물질안전보건자료의 제공을 요청한 경우에는 그렇지 않다.

(3) 물질안전보건자료의 게시 및 교육 ★★

① 물질안전보건자료대상물질을 취급하는 사업주는 **다음 각 호의 어느 하나에 해당하는 장소 또는 전산장비에 항상 물질안전보건자료를 게시하거나 갖추어 두어야 한다.** 다만, 장비에 게시하거나 갖추어 두는 경우에는 고용노동부장관이 정하는 조치를 해야 한다.

물질안전보건자료를 게시 또는 비치하여야 하는 장소 ★
- 물질안전보건자료대상물질을 취급하는 작업공정이 있는 장소
- 작업장 내 근로자가 가장 보기 쉬운 장소
- 근로자가 작업 중 쉽게 접근할 수 있는 장소에 설치된 전산장비

② **사업주는** 물질안전보건자료 대상물질을 취급하는 **작업공정별로** 고용노동부령으로 정하는 바에 따라 **물질안전보건자료 대상물질의 관리요령을 게시하여야 한다.** (작업공정별 관리 요령은 유해성·위험성이 유사한 물질안전보건자료 **대상물질의 그룹별로 작성하여 게시할 수 있다**)

물질안전보건자료대상물질의 작업공정별 관리요령에 포함사항 ★★
- 제품명
- 건강 및 환경에 대한 유해성, 물리적 위험성
- 안전 및 보건상의 취급주의 사항
- 적절한 보호구
- 응급조치 요령 및 사고 시 대처방법

③ **사업주는** 다음 각 호의 어느 하나에 해당하는 경우에는 작업장에서 취급하는 **물질안전보건자료대상물질의 내용을 근로자에게 교육하고** 교육을 실시하였을 때에는 **교육시간 및 내용 등을 기록하여 보존해야 한다.** 이 경우 교육받은 근로자에 대해서는 해당 교육 시간만큼 안전·보건교육을 실시한 것으로 본다.

물질안전보건자료대상물질의 내용을 근로자에게 교육하여야 하는 경우 ★
① 물질안전보건자료대상물질을 제조·사용·운반 또는 저장하는 작업에 근로자를 배치하게 된 경우
② 새로운 물질안전보건자료대상물질이 도입된 경우
③ 유해성·위험성 정보가 변경된 경우

(4) 물질안전보건자료 대상물질 용기 등의 경고표시 ✱✱

① 물질안전보건자료 대상물질을 양도하거나 제공하는 자는 고용노동부령으로 정하는 방법에 따라 이를 담은 용기 및 포장에 경고표시를 하여야한다.
② 사업주는 사업장에서 사용하는 물질안전보건자료 대상물질을 담은 용기에 고용노동부령으로 정하는 방법에 따라 경고표시를 하여야 한다.

(5) 물질안전보건자료 작성 제외 대상 ✱✱

1. 「건강기능식품에 관한 법률」에 따른 건강기능식품
2. 「농약관리법」에 따른 농약
3. 「마약류 관리에 관한 법률」에 따른 마약 및 향정신성의약품
4. 「비료관리법」에 따른 비료
5. 「사료관리법」에 따른 사료
6. 「생활주변방사선 안전관리법」에 따른 원료물질
7. 「생활화학제품 및 살생물제의 안전관리에 관한 법률」에 따른 안전확인대상 생활화학제품 및 살생물제품 중 일반소비자의 생활용으로 제공되는 제품
8. 「식품위생법」에 따른 식품 및 식품첨가물
9. 「약사법」에 따른 의약품 및 의약외품
10. 「원자력안전법」에 따른 방사성물질
11. 「위생용품 관리법」에 따른 위생용품
12. 「의료기기법」에 따른 의료기기

12의2. 「첨단재생의료 및 첨단바이오의약품 안전 및 지원에 관한 법률」에 따른 첨단바이오의약품

13. 「총포·도검·화약류 등의 안전관리에 관한 법률」에 따른 화약류
14. 「폐기물관리법」에 따른 폐기물
15. 「화장품법」에 따른 화장품
16. 제1호부터 제15호까지의 규정 외의 화학물질 또는 혼합물로서 일반소비자의 생활용으로 제공되는 것(일반소비자의 생활용으로 제공되는 화학물질 또는 혼합물이 사업장 내에서 취급되는 경우를 포함한다)

17. 고용노동부장관이 정하여 고시하는 연구·개발용 화학물질 또는 화학제품. 이 경우 법 제110조제1항부터 제3항까지의 규정에 따른 자료의 제출만 제외된다.
18. 그 밖에 고용노동부장관이 독성·폭발성 등으로 인한 위해의 정도가 적다고 인정하여 고시하는 화학물질

> **특급 암기법**
> 비료로 농 사지은 식품, 건강식품, 위생용품 폐기물에서 화약, 방사성 원료물질 나와서 소비자용 의료기기, 첨단 의약품, 마약, 화장품으로 치료했다.

4. 유해·위험방지 계획서

(1) 유해·위험방지 계획서 작성대상 사업(제조업) ☆☆☆
"대통령령으로 정하는 업종 및 규모에 해당하는 사업"이란 다음 각 호의 어느 하나에 해당하는 사업으로서 전기사용설비의 정격용량의 합이 300킬로와트 이상인 사업을 말한다. ☆☆
① 1차 금속 제조업
② 금속가공제품(기계 및 가구는 제외한다) 제조업
③ 비금속 광물제품 제조업
④ 목재 및 나무제품 제조업
⑤ 화학물질 및 화학제품 제조업
⑥ 기타 기계 및 장비 제조업
⑦ 자동차 및 트레일러 제조업
⑧ 고무제품 및 플라스틱제품 제조업
⑨ 기타 제품 제조업
⑩ 식료품 제조업
⑪ 반도체 제조업
⑫ 가구 제조업
⑬ 전자부품제조업

(2) 유해·위험방지계획서 작성대상(기계·기구 및 설비) ☆☆☆
① 금속이나 그 밖의 광물의 용해로
② 화학설비
③ 건조설비
④ 가스집합 용접장치

⑤ 근로자의 건강에 상당한 장해를 일으킬 우려가 있는 물질로서 고용노동부령으로 정하는 물질의 밀폐·환기·배기를 위한 설비

(3) 유해·위험방지계획서 작성대상(건설공사) ✮✮✮

① 다음 각 목의 어느 하나에 해당하는 건축물 또는 시설 등의 건설·개조 또는 해체공사

    가. **지상높이가 31미터 이상**인 건축물 또는 인공구조물

    나. **연면적 3만 제곱미터** 이상인 건축물

    다. **연면적 5천 제곱미터** 이상인 시설로서 다음의 어느 하나에 해당하는 시설

        1) 문화 및 집회시설(전시장 및 동물원·식물원은 제외한다)
        2) 판매시설, 운수시설(고속철도의 역사 및 집배송시설은 제외한다)
        3) 종교시설
        4) 의료시설 중 종합병원
        5) 숙박시설 중 관광숙박시설
        6) 지하도상가
        7) 냉동·냉장 창고시설

② **연면적 5천제곱미터 이상의 냉동·냉장창고시설의 설비공사 및 단열공사**

③ **최대 지간길이**(다리의 기둥과 기둥의 중심사이의 거리)**가 50미터 이상인 교량 건설** 등 공사

④ **터널 건설** 등의 공사

⑤ **다목적댐**, 발전용댐 및 **저수용량 2천만톤 이상의 용수 전용 댐**, 지방상수도 전용 댐 건설

⑥ **깊이 10미터 이상인 굴착공사**

- 지상높이 31m, 연면적 3만m², 사람 많은 시설 연면적 5,000m²
- 연면적 5,000m² 냉동·냉장창고시설
- 최대 지간길이가 50미터 이상 교량
- 터널
- 저수용량 2천만 톤 이상 댐
- 10미터 이상인 굴착

---

(4) 유해·위험방지계획서 제출서류(제조업 및 대상 기계·기구설비) ✮

사업주가 제조업 대상 사업, 대상기계·기구 설비에 해당하는 유해·위험방지계획서를 제출하려면 **다음 각 호의 서류를 첨부하여 해당 공사 착공 15일 전까지 공단에 2부를 제출하여야 한다.** ✮

제조업 대상 사업 첨부서류	① 건축물 각 층의 평면도 ② 기계·설비의 개요를 나타내는 서류 ③ 기계·설비의 배치도면 ④ 원재료 및 제품의 취급, 제조 등의 작업방법의 개요 ⑤ 그 밖에 고용노동부장관이 정하는 도면 및 서류
대상 기계·기구 설비 첨부서류	① 설치장소의 개요를 나타내는 서류 ② 설비의 도면 ③ 그 밖에 고용노동부장관이 정하는 도면 및 서류

(5) 유해·위험방지계획서 첨부서류(건설공사) ✖

사업주가 **건설공사에 해당하는** 유해·위험방지계획서를 제출하려면 건설공사 유해·위험방지계획서 **다음 각 호 서류를 첨부하여 해당 공사의 착공 전날까지 공단에 2부를 제출하여야 한다.** ✖

① 공사 개요 및 안전보건관리계획
  ㉠ 공사 개요서
  ㉡ 공사현장의 주변 현황 및 주변과의 관계를 나타내는 도면
    (매설물 현황을 포함)
  ㉢ 건설물, 사용 기계설비 등의 배치를 나타내는 도면
  ㉣ 전체 공정표
  ㉤ 산업안전보건관리비 사용계획
  ㉥ 안전관리 조직표
  ㉦ 재해 발생 위험 시 연락 및 대피방법
② 작업공사 종류별 유해·위험방지계획

(6) 유해위험 방지계획서 심사 결과의 구분 ✩✩

① 적정	근로자의 안전과 보건을 위하여 필요한 조치가 구체적으로 확보되었다고 인정되는 경우
② 조건부 적정	근로자의 안전과 보건을 확보하기 위하여 일부 개선이 필요하다고 인정되는 경우
③ 부적정	기계·설비 또는 건설물이 심사기준에 위반되어 공사착공 시 중대한 위험발생의 우려가 있거나 계획에 근본적 결함이 있다고 인정되는 경우

> **비교합시다!** [공정안전보고서 심사 결과의 구분 ✩✩]

적정	보고서의 심사기준을 충족시킨 경우
조건부 적정	보고서의 심사기준을 대부분 충족하고 있으나 부분적인 보완이 필요하다고 판단할 경우
부적정	보고서의 심사기준을 충족시키지 못한 경우

PART 02 인간공학 및 위험성 평가·관리

제1장 안전과 인간공학

1. 인간공학의 정의

① 인간의 특성과 한계능력을 공학적으로 분석·평가하여 이를 복잡한 체계의 설계에 응용함으로써 효율을 최대로 활용할 수 있도록 하는 학문분야
② 인간 공학은 기계와 그 기계조작 및 환경조건을 인간의 특성에 맞추어 설계하기위한 수단을 연구하는 학문이다.

2. 인간 - 기계의 기능 비교 ✦

구 분	인간의 장점	기계의 장점
감지기능	• 저에너지 자극감지 • 다양한 자극 식별 • 예기치 못한 사건 감지	• 인간의 감지범위 밖의 자극 감지 • 인간·기계의 모니터 기능
정보처리 결정	• 많은 양의 정보를 장시간 보관 • 귀납적, 다양한 문제 해결	• 정보를 신속, 대량 보관 • 연역적, 정량적 문제 해결

3. 인간 - 기계 통합시스템(man-machine system)의 정보처리 기능 ✦

① **감지기능** : 인간은 감각기관, 기계는 전자 장치 및 기계 장치를 통하여 감지한다.
② **정보보관 기능** : 인간은 두뇌, 기계는 자기테이프 및 천공카드에 보관한다.
③ **정보처리 및 의사결정** : 기억된 내용을 근거로 간단하거나 복잡한 과정을 통해 의사 결정을 내리는 과정이다.
④ **행동** : 결정된 사항의 실행과 조정을 하는 과정이다.
  ㉠ 인간의 행동기능 : 신체제어
  ㉡ 기계의 행동기능 : 음성, 신호, 출력 등 ✦

4. 인간 - 기계 통합시스템(man-machine system)의 유형 ✦

① 수동시스템
  ㉠ 사용자가 손공구나 기타 보조물 등을 사용하여 자기의 신체적 힘을 동력원으로 하여 작업을 수행하는 시스템이다.

ⓒ 가장 다양성이 높은 체계이다.

예 장인과 공구

② 기계시스템(반자동 시스템)
　ⓐ 여러 종류의 동력 공작 기계와 같이 고도로 통합된 부품들로 구성되어 있다.
　ⓑ 인간의 역할은 제어 기능을 담당하고, 힘에 대한 공급은 기계가 담당한다.
　ⓒ 운전자의 조종에 의해 운용되며 융통성이 없는 시스템이다.

예 자동차, 공작기계 등

③ 자동 시스템
　ⓐ 기계가 감지, 정보 처리 및 의사 결정, 행동 기능 및 정보 보관 등 모든 임무를 미리 설계된 대로 수행하게 된다.
　ⓑ 인간은 감시, 감독, 보전 등의 역할을 담당하게 된다.

예 컴퓨터, 자동교환대 등

5. 기계설비 고장 유형

① 초기고장(감소형)
　ⓐ **설계상·구조상 결함**, 불량 제조·생산 과정 등의 **품질관리 미비**로 생기는 고장 형태
　ⓑ **점검** 작업이나 **시운전** 작업 등으로 사전에 **방지할 수 있는 고장**
　ⓒ 욕조곡선(Bathtub) : 예방보전을 하지 않을 때의 곡선은 서양식 욕조 모양과 비슷하게 나타나는 현상

[예방보전(PM : Preventive Maintenance) 기간]

디버깅(Debugging) 기간	기계의 결함을 찾아내 단시간 내 고장률을 안정시키는 기간
번인(Burn in) 기간	기계를 장시간 가동하여 그동안에 고장난 것을 제거하는 기간
에이징(Aging)	비행기에서 3년 이상 시운전하는 기간
스크리닝(screening)	기기의 신뢰성을 높이기 위하여 품질이 떨어지는 것이나 고장 발생 초기의 것을 선별, 제거하는 것

② 우발고장(일정형)
　ⓐ **예측할 수 없을 때에 생기는 고장의 형태**
　ⓑ 사용자의 실수, 천재지변, 우발적 사고 등이 원인이다.
　ⓒ 기계마다 일정하게 발생되며 **고장률이 가장 낮다.**

우발고장의 고장원인
• 안전계수가 낮기 때문　　• 사용자의 과오 때문 • 최선의 검사방법으로도 탐지되지 않는 결함 때문에

③ 마모고장(증가형)
   ㉠ 기계적 요소나 **부품의 마모**, 사람의 노화 현상 등에 의해 **고장률이 상승하는 형**이다.
   ㉡ 고장이 일어나기 직전에 **교환, 안전 진단** 및 **적당한 보수에 의해서 방지**할 수 있는 고장이다.
④ 기계설비의 고장 유형 곡선 ✈

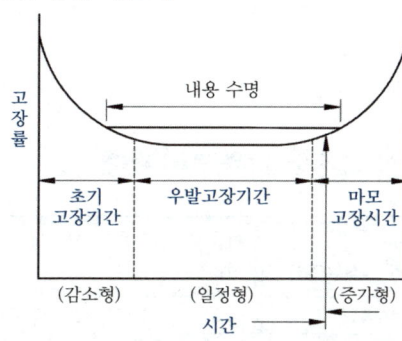

[욕조곡선(Bathtub curve)]

6. 체계분석 및 설계의 인간공학적 가치

① **성능의 향상** : 적절한 유능한 운용자
② **훈련비용의 절감** : 숙련도
③ **인력 이용률의 향상** : 인력자원의 효과적 이용
④ **사고 및 오용으로부터의 손실 감소** : 인간공학 원칙 적용
⑤ **생산 및 보전의 경제성 증대** : 설계 단순화 및 인간공학 원칙 적용
⑥ **사용자의 수용도 향상** : 운용 및 보전성 용이

7. 체계기준(system criteria)의 요건 ✈

① 적절성 : **의도된 목적에 적합**하여야 한다.
② 무오염성 : 측정하고자 하는 변수 외의 **다른 변수의 영향을 받아서는 안 된다.**
③ 신뢰성 : **반복 실험 시 재현성**이 있어야 한다.(반복성)
④ 민감도 : **예상 차이점에 비례하는 단위**로 측정하여야 한다.

8. 인간기준 : 인간성능(Human Performance)에 의한 판단 기준 ✈

① **인간성능 척도** : 여러 가지 감각활동, 정신활동, 근육활동에 의해 판단(자극에 대한 반응시간)
② **생리학적 지표** : 맥박, 혈압, 뇌파, 호흡수 등으로 판단

③ **주관적인 반응** : 개인성능 평점, 체계설계에 대한 대안에 대한 평점등 주관적 평가로 판단
④ **사고빈도** : 사고나 상해발생 빈도에 의해 판단

9. 신뢰성 설계

① **중복(Redundancy)설계** : 일부에 고장이 발생해도 전체 고장이 일어나지 않도록 여력인 부분을 추가하여 중복 설계한다.(병렬설계)
② 부품의 단순화와 표준화
③ 인간공학적 설계와 보전성 설계

10. 휴먼에러의 심리적 분류(Swain의 분류) ✖✖

① omission error (누설오류, 생략오류, 부작위오류)	필요한 작업 또는 절차를 수행하지 않는데 기인한 에러
② time error(시간오류)	필요한 작업 또는 절차의 수행 지연으로 인한 에러
③ commission error(작위오류)	필요한 작업 또는 절차의 불확실한 수행으로 인한 에러
④ sequential error(순서오류)	필요한 작업 또는 절차의 순서 착오로 인한 에러
⑤ extraneous error (과잉행동오류)	불필요한 작업 또는 절차를 수행함으로써 기인한 에러

11. 용접용 보안면

① "용접용 보안면(이하 "보안면"이라 한다)"이란 용접작업 시 머리와 안면을 보호하기 위한 것으로 통상적으로 지지대를 이용하여 고정하며 적합한 필터를 통해서 눈과 안면을 보호하는 보호구이다.
② "차광속도"란 자동용접필터에서 용접아크 발생시 낮은 수준의 차광도에서 높은 수준의 차광도로 전환되는 시간을 말한다.

12. 대뇌 정보처리 에러

① 제1단계 : 인지단계 - 인지(확인) 에러(입력에러)
   외계로부터 작업정보의 습득으로부터 감각 중추로 인지되기까지 일어날 수 있는 에러이며, **확인 착오**도 이에 포함된다.
② 제2단계 : 판단단계 - 판단(기억) 에러
   중추신경의 의사과정에서 일으키는 에러로써 **의사결정의 착오나 기억에 관한 실패**도 여기에 포함된다.
② 제3단계 : 조작단계 - 조작(동작) 에러(반응에러)
   운동 중추에서 올바른 지령이 주어졌으나 **동작 도중에 일어난** 에러이다.

13. 인간의 정보처리 과정에서 발생되는 에러 ✈

Mistake (착오, 착각)	• 인지과정과 의사결정과정에서 발생하는 에러 • 상황해석을 잘못하거나 틀린 목표를 착각하여 행하는 경우
Lapse (건망증)	• 저장단계에서 발생하는 에러 • 어떤 행동을 잊어버리고 안하는 경우
Slip (실수, 미끄러짐)	• 실행단계에서 발생하는 에러 • 상황(목표)해석은 제대로 하였으나 의도와는 다른 행동을 하는 경우

14. 휴먼 에러의 배후요인(4M) ✈✈✈

① Man(인간)	본인 외의 사람, 직장의 인간관계 등
② Machine(기계)	기계, 장치 등의 물적 요인
③ Media(매체)	작업정보, 작업방법 등(인간과 기계를 연결하는 매개체이다)
④ Management(관리)	작업관리, 법규준수, 단속, 점검 등

15. 인간실수 예방기법

(1) 페일세이프(Fail-Safe) ✿✿✿
기계 설비에 결함이 발생되더라도 사고가 발생되지 않도록 2중, 3중으로 통제를 가한다.

① Fail Passive	부품의 고장 시 기계장치는 정지 상태로 옮겨간다.
② Fail active	부품이 고장나면 경보를 울리며 짧은 시간 운전이 가능하다.
③ Fail operational	부품의 고장이 있어도 다음 정기점검까지 운전이 가능하다.

(2) 풀프루프(Fool-proof) ✿✿✿
인간의 실수가 있더라도 사고로 연결되지 않도록 2중, 3중으로 통제를 가한다.

제2장 위험성 파악·결정

1. 시스템 안전성 확보책

① 위험 상태의 존재 최소화
② 안전 장치의 채택
③ 경보 장치의 채택
④ 특수 수단 개발, 표식의 규격화

2. 예비 위험 분석(PHA : Preliminary Hazards Analysis)

모든 시스템 안전 프로그램의 최초 단계(설계단계, 구상단계)에서 실시하는 분석법으로서 시스템 내의 위험요소가 얼마나 위험한 상태에 있는가를 정성적으로 평가하는 기법이다. ✿✿

[PHA 카테고리 분류 ✿]

Class 1. 파국적(catastrophic)	사망, 시스템 손상
Class 2. 위기적(critical)	심각한 상해, 시스템 중대 손상
Class 3. 한계적(marginal)	경미한 상해, 시스템 성능 저하
Class 4. 무시(negligible)	경미한 상해 및 시스템 저하 없음

3. 결함위험분석(FHA : Fault Hazards Analysis)

서브시스템(subsystem)의 해석에 사용되는 분석법이다. ✖✖

4. 고장형태와 영향분석(FMEA : Failure Modes and Effects Analysis)

(1) 시스템에 영향을 미치는 모든 요소의 고장을 형태별로 분석하여 그 영향을 검토하는 정성적, 귀납적 분석법이다. ✖✖

(2) **FMEA 고장영향과 발생확률(β)에 따른 위험성 분류** ✖

FMEA 고장영향과 발생확률(β)에 따른 분류	위험성 분류 표시
• 실제 손실 $\beta = 1.00$ • 예상되는 손실 $0.1 < \beta < 1.00$ • 가능한 손실 $0 < \beta \leq 0.1$ • 영향 없음 $\beta = 0$	• category 1 : 생명 또는 가옥의 상실 • category 2 : 임무 수행의 실패 • category 3 : 활동의 지연 • category 4 : 손실과 영향없음

(3) **FMEA의 실시절차**

1단계 : 대상 시스템의 분석	• 기기 및 시스템의 구성 및 기능의 전반적 파악 • FMEA의 실시를 위한 **기본방침의 설정** • **기능 BLOCK과 신뢰성 BLOCK도의 작성**
2단계 : 고장형과 그 영향의 검토	• **고장 모드의 예측과 설정** • **고장 원인의 상정** • 상위 아이템에 대한 **고장 영향의 검토** • 고장 검지법의 검토 • 고장에 대한 보상법과 대응법의 검토 • FMEA WORK SHEET에 관한 기입 • **고장등급의 평가**
3단계 : 치명도 해석과 개선책의 검토	• 치명도 해석 • 해석결과의 정리

(4) **FMEA의 기재사항**
① 요소의 명칭
② 고장의 형
③ 다른 요소 및 전 시스템에 대한 고장의 영향
④ 위험성의 분류
⑤ 고장의 발견 방법
⑥ 시정방법

5. ETA(Event Tree Analysis)와 DT(Dicision Trees)

① ETA(Event Tree Analysis) : 사상의 안전도를 사용하여 시스템의 안전도 나타내는 귀납적·정량적인 분석법이다. ✭✭
② DT(dicision Trees) : 요소의 신뢰도를 이용하여 시스템의 신뢰도를 나타내는 기법으로 귀납적이고, 정량적인 분석 방법이다. ✭✭

6. 치명도 분석(CA : Critically Analysis)

① 고장이 직접 시스템의 손실과 인명의 사상에 연결되는 높은 위험도를 가진 요소나 고장의 형태에 따른 분석법이다.
② 고장이 시스템에 얼마나 치명적인 영향을 끼치는 지에 대한 고장을 정량적으로 분석하는 기법이다. ✭✭

7. 인간에러율 예측기법(THERP : Technique of Human Error Rate Prediction)

인간의 과오(human error)를 정량적으로 평가하기 위하여 1963년 Swain 등에 의해 개발된 기법이다. ✭✭

8. MORT(Management Oversight and Risk Tree) ✭✭

관리, 설계, 생산, 보전 등의 광범위한 안전을 도모하기 위한 연역적이고, 정량적인 분석법이다.

9. 운용 및 지원위험 분석(O&S : operating & support 또는 OSHA) ✭✭

시스템의 모든 사용단계에서 생산, 보전, 시험, 운반, 구출, 구조, 훈련 및 폐기 등에 사용되는 인원, 순서, 설비에 관하여 위험을 동정하고 그것들의 안전요건을 결정하기 위한 분석법이다.

10. FAFR(Fatality Accident Frequency Rate)

위험도를 표시하는 단위로 10^8(1억)시간당 사망자 수를 나타낸다.

$$\text{FAFR} = \frac{\text{사망자수}}{\text{총 작업시간수}} \times 10^8$$ ✭

11. HAZOP(위험 및 운전성 검토)

각각의 장비에 대해 잠재된 위험이나 기능저하 등 시설에 결과적으로 미칠 수 있는 영향을 평가하기 위하여 공정이나 설계도 등에 체계적인 검토를 행하는 것을 말한다.

유인어의 종류와 뜻 ✈

- No 또는 Not : 완전한 부정
- More 또는 Less : 양의 증가 및 감소
- As Well As : 성질상의 증가
- Part of : 일부변경, 성질상의 감소
- Reverse : 설계의도의 논리적인 역
- Other Than : 완전한 대체

12. 결함수분석법(FTA : Fault Tree Analysis)의 정의 및 특징

(1) FTA의 특징

시스템 고장을 발생시키는 사상과 원인과의 관계를 논리기호(AND와 OR)를 사용하여 나뭇가지 모양의 그림(Tree)으로 나타낸 FT(Fault Tree)를 만들고 이에 의거하여 시스템의 고장확률을 구함으로서 취약 부분을 찾아내어 시스템의 신뢰도를 개선하는 정량적 고장해석 및 신뢰성 평가 방법이다.

[FTA의 장점 ✈]

① 사고원인 규명의 간편화	사고의 세부적인 원인목록을 작성하여 전문지식이 부족한 사람도 목록만을 가지고 해당 사고의 구조를 파악할 수 있다.
② 사고원인 분석의 일반화	재해발생의 모든 원인들의 연쇄를 한눈에 알기 쉽게 Tree상으로 표현할 수 있다.
③ 사고원인 분석의 정량화	FTA에 의한 재해발생 원인의 정량적 해석과 예측, 컴퓨터 처리 및 통계적인 처리가 가능하다.
④ 노력, 시간의 절감	FTA의 전산화를 통하여 사고발생에의 기여도가 높은 중요원인을 분석 파악하여 사고예방을 위한 노력과 시간을 절감할 수 있다.
⑤ 시스템의 결함 진단	복잡한 시스템 내의 결함을 최소시간과 최소비용으로 효과적인 교정을 통하여 재해발생 초기에 필요한 조치를 취할 수 있다.
⑥ 안전점검 Check List 작성	FTA에 의한 재해원인 분석을 토대로 안전점검상 중점을 두어야 할 부분 등을 체계적으로 정리한 안전점검 Check List를 만들 수 있다.

[FTA의 단점]

① **숙련된 전문가 필요**	FTA를 수행하기 위하여는 이 분야에 전문지식을 가진 숙련자가 필요하다.
② **시간 및 경비의 소요**	분석대상 시스템이나 공정의 크기에 따라 소요 시간과 경비는 차이가 있을 수 있으나 일반적으로 정성 평가에 비하여 막대한 시간과 경비가 소요된다.
③ **고장율 자료 확보**	성공적인 FTA를 위하여 설비, 부품의 정확한 고장율 확보가 전제되어야 한다.
④ **단일사고의 해석**	FTA는 공정에서 발생 가능한 사고를 가정하여 그 발생 확률과 중요원인을 규명하는 방법으로서 예상치 못한 사고 또는 사소한 위험성은 간과하기 쉽다.
⑤ **논리게이트 선택의 신중**	분석자의 의식 중에는 항상 사고확률의 감소라는 개념이 잠재되어 있다고 볼 수 있다. 따라서 특히 AND게이트 선택 시에는 논리적으로 타당한가를 신중히 검토하여야 정확한 FTA 결과를 도출할 수 있다.

13. 논리기호 및 사상기호 ☆☆

기호	명명	기호설명
○	기본사상	더 이상 전개할 수 없는 사건의 원인
◇	생략사상	관련정보가 미비하여 계속 개발될 수 없는 특정 초기사상
⌂	통상사상	발생이 예상되는 사상
□	결함사상 (정상사상, 중간사상)	한 개 이상의 입력에 의해 발생된 고장사상
∪	OR게이트	한 개 이상의 입력이 발생하면 출력사상이 발생하는 논리게이트
∩	AND게이트	입력사상이 전부 발생하는 경우에만 출력사상이 발생하는 논리게이트
∪ 또는 (동시발생)	배타적 OR게이트	입력사상 중 오직 한 개의 발생으로만 출력사상이 생성되는 논리게이트

기호	명명	기호설명
또는 (Ai, Aj, Ak 순으로)	우선적 AND 게이트	입력사상이 특정 순서대로 발생한 경우에만 출력사상이 발생하는 논리게이트
2개의 출력	조합 AND게이트	3개 이상의 입력 중 2개가 일어나면 출력이 생긴다.
△	전이기호	다른 부분에 있는 게이트와의 연결 관계를 나타내기 위한 기호
△	전이기호(IN)	삼각형 정상의 선은 정보의 전입루트를 나타낸다.
△	전이기호(OUT)	삼각형 옆의 선은 정보의 전출루트를 나타낸다.
▽	전이기호 (수량이 다르다)	
⬡○	억제게이트	이 게이트의 출력사상은 한 개의 입력사상에 의해 발생하며, 입력사상이 출력사상을 생성하기 전에 특정조건을 만족하여야 하는 논리게이트
○	조건부사상	논리게이트에 연결되어 사용되며, 논리에 적용되는 조건이나 제약 등을 명시한다.
A	부정게이트	입력과 반대현상의 출력 생김
위험지속기간	위험지속 AND 게이트	입력이 생겨서 일정시간이 지속될 때 출력이 생긴다.

14. FTA에 의한 재해사례 연구 순서 ✡✡

1단계	⇨	2단계	⇨	3단계	⇨	4단계
톱사상의 설정		재해 원인 규명		FT도의 작성		개선계획의 작성

15. 컷셋과 패스셋

(1) 컷셋(Cut Set) ✦✦
① 정상사상을 발생시키는 기본사상의 집합
② 모든 기본사상이 일어났을 때 정상사상을 일으키는 기본사상들의 집합이다.

(2) 미니멀 컷(Minimal Cut Set) ✦✦
① 정상사상을 일으키기 위한 기본사상의 최소집합
② 컷셋 중 타켓셋을 포함하고 있는 것을 배제하고 남은 컷셋들을 의미(최소한의 컷)
③ 시스템의 위험성을 나타낸다.

(3) 패스셋(Path Set) ✦✦
① 시스템의 고장을 일으키지 않는 기본사상들의 집합
② 포함된 기본사상이 일어나지 않을 때 처음으로 정상 사상이 일어나지 않는 기본 사상들의 집합이다.

(4) 미니멀 패스(Minimal Path Set) ✦✦
① 시스템의 기능을 살리는 최소한의 집합(최소한의 패스)
② 시스템의 신뢰성 나타낸다.

16. 정성적, 정량적 분석

(1) 설비의 신뢰도

① 직렬연결
  ㉠ 요소 중 하나만 고장나도 전체 시스템이 고장나는 형태이다.
  ㉡ 전체 시스템의 수명은 요소 중 가장 짧은 것으로 결정된다.

  신뢰도 $R_s = R_1 \times R_2 \times R_3$

② 병렬연결
  ㉠ 요소 중 하나만 정상이라도 전체 시스템은 정상 가동된다.
  ㉡ 전체 시스템의 수명은 요소 중 가장 긴 것으로 결정된다.

  신뢰도 $R_s = 1 - (1 - R_1) \times (1 - R_2) \times (1 - R_3)$

(2) 확률사상의 계산

- 논리곱의 확률(독립사상) : $A(B \cdot C \cdot D) = AB \cdot AC \cdot AD$
- 논리합의 확률(독립사상) : $A(B+C+D) = 1-(1-AB)(1-AC)(1-AD)$

① 불대수의 법칙

㉠ 동정법칙 : $A+A=A$, $AA=A$

㉡ 교환법칙 : $AB=BA$, $A+B=B+A$

㉢ 흡수법칙 : $A(AB) = (AA)B = AB$

$A+AB = A \cup (A \cap B) = (A \cup A) \cap (A \cup B) = A \cap (A \cup B) = A$

$\overline{A \cdot B} = \overline{A} + \overline{B}$ ✮

㉣ 배분법칙 : $A(B+C) = AB+AC$, $A+(BC) = (A+B) \cdot (A+C)$ ✮

㉤ 결합법칙 : $A(BC) = (AB)C$, $A+(B+C) = (A+B)+C$

㉥ 항등법칙 : $A+0=A$, $A+1=1$, $A \times 1 = A$, $A \times 0 = 0$ ✮

② 드 모르간의 법칙 ✮

㉠ $\overline{A+B} = \overline{A} \cdot \overline{B}$

㉡ $A + \overline{A} \cdot B = A + B$

예제 01 ✮✮

①, ②, ③의 발생확률이 각각 0.1, 0.2, 0.3일 때
① G_1의 발생확률(고장확률)을 계산하라.
② G_1의 신뢰도를 계산하라.

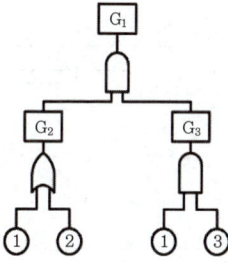

[해설]

1. 중복사상이 있을 경우 미니멀 컷을 구하여 미니멀 컷의 발생확률이 전체시스템의 발생확률이 된다.(문제에서 중복사상 ①이 존재한다.)

2. FT도에서 미니멀 컷을 구하면
   $G_1 = G_2 \cdot G_3$
   $= \begin{pmatrix} ① \\ ② \end{pmatrix}(① \ ③) = (① \ ① \ ③)(② \ ① \ ③)$
   $= (① \ ③)(① \ ② \ ③)$
   미니멀 컷 (① ③)

3. 미니멀 컷의 발생확률(G_1의 발생확률)
   $= 0.1 \times 0.3 = 0.03$

4. G_1의 신뢰도
   $= 1 - 0.03 = 0.97$

예제 02 ☆☆

①, ②, ③, ④의 발생확률이 각각 0.1, 0.2, 0.3, 0.4일 때
① G_1의 발생확률(고장확률)을 계산하라.
② G_1의 신뢰도를 계산하라.

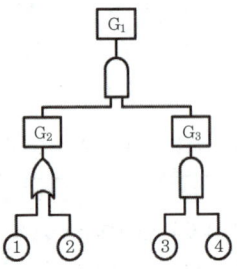

해설

중복사상이 없을 경우 확률공식에 의하여 계산한다.
① G_1의 발생확률(고장확률)의 계산
$G_1 = G_2 \times G_3$
$= \{1-(1-①)(1-②)\} \times (③ \times ④)$
$= \{1-(1-0.1)(1-0.2)\} \times (0.3 \times 0.4)$
$= 0.0336$
② G_1의 신뢰도의 계산
G_1의 발생확률(고장확률)이 0.0336이므로 고장나지 않을 확률(신뢰도)은
$1 - 0.0336 = 0.9664$

예제 03 ☆☆

①, ②의 발생확률이 각각 0.1, 0.2일 때
① G_1의 발생확률(고장확률)을 계산하라.
② G_1의 신뢰도를 계산하라.

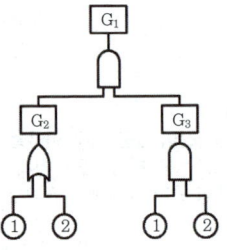

해설

1. 중복사상 ①, ②가 있으므로 미니멀 컷의 발생확률이 시스템의 발생확률이 된다.
2. FT도에서 미니멀 컷을 구하면
$G_1 = G_2 \cdot G_3$
$= \binom{①}{②}(① \ ②) = (① \ ① \ ②)(② \ ① \ ②)$
$= (① \ ②)(① \ ②)$
미니멀 컷 (① ②)
3. 미니멀 컷의 발생확률(G_1의 발생확률)
$= 0.1 \times 0.2 = 0.02$
4. G_1의 신뢰도
$= 1 - 0.02 = 0.98$

예제 04 ☆☆

그림과 같은 기초사건이 반복되지 않은 결함나무가 있다. 독립인 기초사건들의 확률은 ① = 0.3, ② = 0.2, ③ = 0.1일 때 정상사건의 발생확률은?

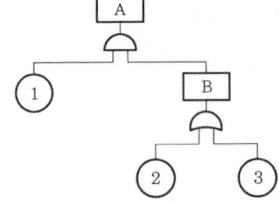

해설

$A = ① \times B$
$= ① \times \{1 - (1-②)(1-③)\}$
$= 0.3 \times \{1 - (1-0.2)(1-0.1)\}$
$= 0.084$

(3) 컷셋과 미니멀 컷 ✯✯

예제 01 ✯✯

다음 FT도에서 컷과 미니멀 컷을 구하라.

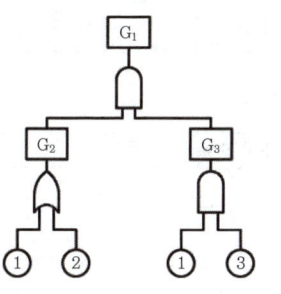

[해설]

$G_1 = G_2 \cdot G_3$

$= \begin{pmatrix} ① \\ ② \end{pmatrix} \cdot (①③)$

$= (①①③)$
$\quad (②①③)$

컷셋 : (①③)(①②③)
미니멀 컷 : (①③)

(미니멀 컷셋은 정상사상을 일으키는 최소한의 집합이다. 집합(①③)은 (①②③)의 부분집합으로 (①③)만으로도 정상사상이 발생하므로 미니멀 컷셋은 (①③)이 된다)

예제 02 ✯✯

다음 FT도에서 컷과 미니멀 컷을 구하라.

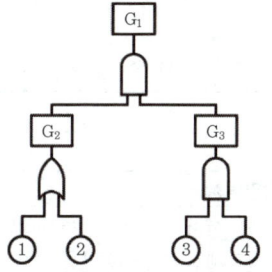

[해설]

$G_1 = G_2 \cdot G_3$

$= \begin{pmatrix} ① \\ ② \end{pmatrix} \cdot (③④) = (①③④)(②③④)$

컷셋 : (①③④)(②③④)
미니멀 컷 : (①③④) 또는 (②③④)

(출력이 생긴 집합을 모두 모으면 컷셋이고, 출력이 생긴 집합 각각은 미니멀 컷이다)

예제 03 ✯✯

다음 FT도에서 컷과 미니멀 컷을 구하라.

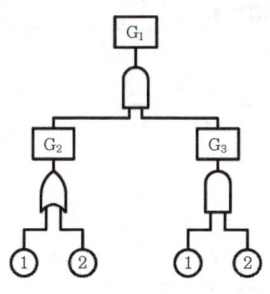

[해설]

$G_1 = G_2 \cdot G_3$

$= \begin{pmatrix} ① \\ ② \end{pmatrix} \cdot (①②)$

$= (①①②) = (①②)$
$\quad (②①②) \quad (①②)$

컷셋 : (①②)
미니멀 컷 : (①②)

(출력이 생긴 집합을 모두 모으면 컷셋이고, 출력이 생긴 집합 각각은 미니멀 컷이 된다. 이 문제는 컷셋과 미니멀 컷셋이 동일한 경우이다)

17. 안전성 평가 6단계 ✮✮

1단계	2단계	3단계	4단계	5단계	6단계
관계자료의 정비검토	정성적인 평가	정량적인 평가	안전대책 수립	재해사례에 의한 평가	FTA에 의한 재평가

① 1단계 : 관계자료의 정비 검토(작성 준비)

관계자료 조사 항목
• 입지조건 • 화학설비 배치도 • 건조물의 평면도, 단면도 및 입면도 • 제조 공정의 개요 • 기계실 및 전기실의 평면도, 단면도 및 입면도 • 공정계통도 • 운전 요령 • 요원 배치 계획 • 배관이나 계장 등의 계통도 • 제조 공정상 일어나는 화학반응 • 원재료, 중간체, 제품 등의 물리화학적 성질 및 인체에 미치는 영향

② 2단계 : 정성적인 평가

정성적 평가항목 ✮			
① 입지 조건	② 공장 내의 배치	③ 소방설비	④ 공정 기기
⑤ 수송 · 저장	⑥ 원재료	⑦ 중간체	⑧ 제품
⑨ 건조물(건물)	⑩ 공정		

③ 3단계 : 정량적인 평가

정량적 평가항목 ✮		
① 취급물질	② 화학설비의 용량	③ 온도
④ 압력	⑤ 조작	

④ 4단계 : 안전대책 수립
⑤ 5단계 : 재해사례에 의한 평가
⑥ 6단계 : FTA에 의한 재평가

18. MTBF(평균고장간격 : Mean Time Between Failures)

수리 가능한 제품에서 고장~다음 고장까지 시간의 평균치(신뢰도)를 말한다.

[고장률과 신뢰도 ✩✩]

① 고장률	고장률$(\lambda) = \dfrac{\text{고장건수}}{\text{총 가동시간}}$ (건/시간)
② MTBF(평균고장시간)	$\text{MTBF} = \dfrac{1}{\text{고장률}(\lambda)}$ (시간)
③ 신뢰도 (고장나지 않을 확률)	신뢰도란 고장나지 않을 확률을 말한다. $R(t) = e^{-\frac{t}{t_0}} = e^{-\lambda \times t}$ 여기서, t_0 : 평균고장시간 or 평균수명 　　　t : 앞으로 고장 없이 사용할 시간 　　　λ : 고장률
④ 불신뢰도 (고장 날 확률)	1-신뢰도

19. MTTF(고장까지의 평균시간 : Mean Time to Failure) ✩✩

수리가 불가능한 제품에서 처음 고장날 때까지의 시간(평균수명)을 말한다.

[계의 수명 ✩✩]

① 직렬계의 수명	$\text{MTTF(MTBF)} \times \dfrac{1}{\text{요소갯수}(n)}$
② 병렬계의 수명	$\text{MTTF(MTBF)} \times \left(1 + \dfrac{1}{2} + \dfrac{1}{3} + \cdots + \dfrac{1}{n}\right)$ 여기서, n : 요소의 개수

20. MTTR(Mean Time to Repair) ✖✖

평균 수리에 소요되는 시간을 말한다.

[MTTR과 설비가동률 ✖]

① MTTR	$\mathrm{MTTR} = \dfrac{\text{수리시간 합계}}{\text{수리횟수}}\,(\text{시간})$
② 설비가동률	설비가동률 $= \dfrac{\mathrm{MTBF}}{\mathrm{MTBF}+\mathrm{MTTR}} = \dfrac{\dfrac{1}{\lambda}}{\dfrac{1}{\lambda}+\dfrac{1}{\mu}}$ 여기서, λ : 고장율, μ : 수리율

제3장 위험성 감소대책 수립·시행

1. 위험성 평가의 정의

사업주가 스스로 유해·위험요인을 파악하고 해당 유해·위험요인의 위험성 수준을 결정하여, 위험성을 낮추기 위한 적절한 조치를 마련하고 실행하는 과정을 말한다.

2. 위험성 평가의 대상

① 위험성 평가의 대상이 되는 유해·위험요인은 업무 중 근로자에게 노출된 것이 확인되었거나 노출될 것이 합리적으로 예견 가능한 모든 유해·위험요인이다. 다만, 매우 경미한 부상 및 질병만을 초래할 것으로 명백히 예상되는 유해·위험요인은 평가 대상에서 제외할 수 있다.
② 사업주는 사업장 내 부상 또는 질병으로 이어질 가능성이 있었던 상황(이하 "아차사고"라 한다)을 확인한 경우에는 해당 사고를 일으킨 유해·위험요인을 위험성 평가의 대상에 포함시켜야 한다.

③ 사업주는 **사업장 내에서 중대재해가 발생한 때에는 지체 없이** 중대재해의 원인이 되는 유해·위험요인에 대해 **위험성 평가를 실시**하고, 그 밖의 **사업장 내 유해·위험요인에 대해서는 위험성 평가 재검토를 실시**하여야 한다.

3. 위험성 평가의 실시 시기

(1) 사업주는 **사업이 성립된 날**(사업 개시일을 말하며, 건설업의 경우 실착공일을 말한다)**로부터 1개월이 되는 날까지** 위험성 평가의 대상이 되는 유해·위험요인에 대한 **최초 위험성 평가의 실시에 착수**하여야 한다. 다만, **1개월 미만의 기간 동안** 이루어지는 작업 또는 **공사의 경우에는** 특별한 사정이 없는 한 작업 또는 **공사 개시 후 지체 없이 최초 위험성 평가를 실시**하여야 한다.

(2) **수시평가를 하여야 하는 경우**
   ① 사업장 건설물의 설치·이전·변경 또는 해체
   ② 기계·기구, 설비, **원재료 등의 신규 도입 또는 변경**
   ③ 건설물, 기계·기구, **설비 등의 정비 또는 보수**(주기적·반복적 작업으로서 이미 위험성 평가를 실시한 경우에는 제외)
   ④ 작업방법 또는 **작업절차의 신규 도입 또는 변경**
   ⑤ **중대 산업사고 또는 산업재해**(휴업 이상의 요양을 요하는 경우에 한정한다) **발생**
   ⑥ 그 밖에 사업주가 필요하다고 판단한 경우

4. 사업장 위험성 평가의 방법

   ① **위험 가능성과 중대성을 조합한 빈도·강도법**
   ② **체크리스트(Checklist)법**
   ③ **위험성 수준 3단계(저·중·고) 판단법**
   ④ **핵심요인 기술(One Point Sheet)법**
   ⑤ 그 외 공정위험성 평가 기법

5. 유해·위험요인을 파악하는 방법

업종, 규모 등 사업장 실정에 따라 다음 각 호의 방법 중 어느 하나 이상의 방법을 사용하되, 특별한 사정이 없으면 제1호에 의한 방법을 포함하여야 한다.

가. 사업장 순회점검에 의한 방법
나. 근로자들의 상시적 제안에 의한 방법
다. 설문조사·인터뷰 등 청취조사에 의한 방법
라. 물질안전보건자료, 작업환경측정결과, 특수건강진단결과 등 안전보건 자료에 의한 방법
마. 안전보건 체크리스트에 의한 방법
바. 그 밖에 사업장의 특성에 적합한 방법

6. 위험성 평가의 절차

사업주는 위험성 평가를 다음의 절차에 따라 실시하여야 한다. 다만, 상시근로자 5인 미만 사업장(건설공사의 경우 1억원 미만)의 경우 제1호의 절차를 생략할 수 있다.

① 사전준비
② 유해·위험요인 파악
③ 위험성 결정
④ 위험성 감소대책 수립 및 실행
⑤ 위험성 평가 실시내용 및 결과에 관한 기록 및 보존

7. 위험성 평가 기록에 포함사항

① 위험성 평가 대상의 유해·위험요인
② 위험성 결정의 내용
③ 위험성 결정에 따른 조치의 내용
④ 위험성 평가를 위해 사전조사 한 안전보건정보
⑤ 그 밖에 사업장에서 필요하다고 정한 사항

제4장 근골격계질환 예방관리

1. 근골격계질환(누적외상성질환, CTDs)의 발생 요인

① 반복적인 동작
② 부적절한 작업 자세
③ 무리한 힘의 사용
④ 날카로운 면과의 신체접촉
⑤ 진동 및 온도(저온)

2. 근골격계 질환의 유형

① **점액낭염**(윤활낭염 : bursitis): 관절 사이의 윤활액을 싸고 있는 **윤활낭에 염증이 생기는 질병**을 말한다.
② **건초염**(tenosynovitis), **건염**(tendonitis): 건초염은 건막에 염증이 생기는 질환이며 건염(tendonitis)은 건에 염증이 생기는 질환으로 건염과 건초염을 정확히 구분하기 어렵다.
③ **손목뼈터널 증후군**(수근관 증후군 : carpal tunnel sysdrome) : **반복적이고 지속적인 손목의 압박, 무리한 힘 등으로 인해 수근관 내부에 정중신경이 손상**되어 발생한다.
④ **내상과염**(golfer elbow), **외상과염**(tennis elbow): 과다한 손목 동작, 손가락 동작으로 점액낭에 염증이 생긴 질환으로 팔꿈치 관절 내·외부에서 통증이 발생한다.
⑤ **수완진동증후군**(hand-arm vibration syndrome : HAVS) : **진동공구의 진동으로 인해 손가락 혈관이 수축되어 손가락이 하얗게 변하며 감각마비, 저린 증상** 등을 일으킨다.

3. 영상표시단말기 작업으로 인한 관련 증상(VDT 증후군)

① 근골격계 증상
② 눈의 피로
③ 피부 증상
④ 정신적 스트레스
⑤ 전자파 장해

4. 컴퓨터단말기 작업 시 적정 실내 조도

① 바탕화면이 흰색계통일 경우 : 500~700Lux
② 바탕화면이 검은색계통일 경우 : 300~500Lux
③ 영상표시단말기(VDT) 화면과 주변과의 광도비 = 1 : 3

5. 근골격계 부담작업의 종류

① 하루에 4시간 이상 집중적으로 자료입력 등을 위해 키보드 또는 마우스를 조작하는 작업
② 하루에 총 2시간 이상 목, 어깨, 팔꿈치, 손목 또는 손을 사용하여 같은 동작을 반복하는 작업
③ 하루에 총 2시간 이상 머리 위에 손이 있거나, 팔꿈치가 어깨 위에 있거나, 팔꿈치를 몸통으로부터 들거나, 팔꿈치를 몸통 뒤쪽에 위치하도록 하는 상태에서 이루어지는 작업
④ 지지되지 않은 상태이거나 임의로 자세를 바꿀 수 없는 조건에서, 하루에 총 2시간 이상 목이나 허리를 구부리거나 비트는 상태에서 이루어지는 작업
⑤ 하루에 총 2시간 이상 쪼그리고 앉거나 무릎을 굽힌 자세에서 이루어지는 작업
⑥ 하루에 총 2시간 이상 지지되지 않은 상태에서 1kg 이상의 물건을 한손의 손가락으로 집어 옮기거나, 2kg 이상에 상응하는 힘을 가하여 한손의 손가락으로 물건을 쥐는 작업
⑦ 하루에 총 2시간 이상 지지되지 않은 상태에서 4.5kg 이상의 물건을 한손으로 들거나 동일한 힘으로 쥐는 작업
⑧ 하루에 10회 이상 25kg 이상의 물체를 드는 작업
⑨ 하루에 25회 이상 10kg 이상의 물체를 무릎 아래에서 들거나, 어깨 위에서 들거나, 팔을 뻗은 상태에서 드는 작업
⑩ 하루에 총 2시간 이상, 분당 2회 이상 4.5kg 이상의 물체를 드는 작업
⑪ 하루에 총 2시간 이상 시간당 10회 이상 손 또는 무릎을 사용하여 반복적으로 충격을 가하는 작업

- 키보드 입력 4시간, 나머지 2시간
- 2시간 4.5kg 한손 쥐기/ 2시간 1kg 손가락 집어 옮기기, 2kg 손가락 쥐기/10회 25kg, 25회 10kg 무릎 아래, 2시간 분당 2회 4.5kg 들기/ 2시간 시간당 10회 반복 충격

6. 근골격계 질환 유해요인 조사

상시근로자 1인 이상의 근로자를 사용하는 사업주는 근로자가 근골격계부담작업을 하는 경우에 3년마다 다음 각 호의 사항에 대한 **유해요인조사를 하여야 한다.** 다만, 신설되는 사업장의 경우에는 신설일로 부터 1년 이내에 최초의 유해요인 조사를 하여야 한다.

① 설비 · 작업공정 · 작업량 · 작업속도 등 **작업장 상황**
② 작업시간 · 작업자세 · 작업방법 등 **작업조건**
③ 작업과 관련된 **근골격계질환 징후와 증상 유무** 등

7. 근골격계 질환 예방관리 프로그램을 수립·시행하여야 하는 경우

① 근골격계 질환으로 업무상 질병으로 인정받은 근로자가 연간 10명 이상 발생한 사업장 또는 5명 이상 발생한 사업장으로서 발생 비율이 그 사업장 근로자수의 10퍼센트 이상인 경우
② 근골격계 질환 예방과 관련하여 **노사 간 이견(異見)이 지속되는 사업장으로서 고용노동부장관이 필요하다고 인정하여** 근골격계 질환 예방관리 프로그램을 수립하여 시행할 것을 명령한 경우

8. 근골격계질환의 유해요인 평가기법

(1) OWAS(Ovako Working posture Analysis System)

1) OWAS 평가방법에서 고려되는 항목
   ① 상지(팔)
   ② 하지(다리)
   ③ 허리
   ④ 하중

2) OWAS의 장·단점

장점	단점
① 특별한 기구 없이 관찰에 의해서만 작업 자세를 평가할 수 있다. ② 전반적인 작업으로 인한 위해도를 쉽고 간단하게 조사할 수 있다. ③ 여러 작업 중에서 개선을 필요로 하는 작업을 우선적으로 선정할 수 있다. ④ 상지와 하지의 작업분석이 가능하며, 작업 대상물의 무게를 분석요인에 포함할 수 있다.	① 작업 자세 특성이 정적인 자세에 초점이 맞추어져 있다. ② 상지나 하지 등 몸의 일부의 움직임이 적으면서도 반복하여 사용하는 작업에서는 차이를 파악하기 어렵다. ③ 중량물 취급 작업 외에는 작업에 소요되는 힘과 반복성에 대한 위험성이 평가에 반영되지 않는다. ④ 지속 시간을 검토할 수 없으므로 보관유지자세의 평가는 어렵다.

(2) RULA(Rapid Upper Limb Assessment)
어깨, 팔목, 손목, 목 등 상지에 초점을 맞춘 작업 자세로 인한 작업부하를 쉽고 빠르게 평가하기 위해 개발되었다.

(3) REBA(Rapid Entire Body Assessment)
① OWAS기법과 RULA기법의 문제점을 보완하여 가장 최근에 만들어졌지만 아직 그 타당성이 증명되지 않았다.
② 작업자의 움직임 단계를 관찰한 후 신체 부위를 분할하여 각 신체 부위에 부위별 점수를 부여한 후 점수 코드 체제를 이용하여 평가하는 분석 하는 방법이다.

(4) SI(Strain Index)
① 상지 질환에 대한 정량적 평가방법으로 인간공학적 작업 분석의 도구로서 생리학 및 인체역학(biomechanics)의 과학적 근거를 바탕으로 개발되었다.
② 손목의 특이적인 위험성만이 강조되었고, 진동에 대한 위험 요인이 배제되었으며, 신뢰도가 검증되지 않았다는 한계점이 있다.

제5장 유해요인관리

1. 소음작업의 정의(산업안전보건법의 정의)

하루 8시간 동안 85dB 이상의 소음이 발생하는 작업을 말한다.

2. 강렬한 소음작업의 정의(종류) ✰✰

① 하루 8시간 동안 90dB 이상의 소음이 발생하는 작업
② 하루 4시간 동안 95dB 이상의 소음이 발생하는 작업
③ 하루 2시간 동안 100dB 이상의 소음이 발생하는 작업
④ 하루 1시간 동안 105dB 이상의 소음이 발생하는 작업
⑤ 하루 30분 동안 110dB 이상의 소음이 발생하는 작업
⑥ 하루 15분 동안 115dB 이상의 소음이 발생하는 작업

3. 충격소음의 정의 ✰✰

최대음압수준에 120dB(A) 이상인 소음이 1초 이상의 간격으로 발생하는 것을 말한다.

4. 소음의 노출기준(충격소음 제외) ✰✰

1일 노출시간(hr)	소음강도 dB(A)
8	90
4	95
2	100
1	105
1/2	110
1/4	115

주 : 115dB(A)를 초과하는 소음 수준에 노출되어서는 안 됨

5. 충격소음의 노출기준 ✿✿

1일 노출 회수	충격소음의 강도 dB(A)
100	140
1,000	130
10,000	120

주 : 1. 최대 음압수준이 140dB(A)를 초과하는 충격소음에 노출되어서는 안 됨
    2. 충격소음이라 함은 최대음압수준에 120dB(A) 이상인 소음이 1초 이상의 간격으로 발생하는 것을 말함

6. 소음의 노출정도 평가

1. 노출지수 $(EI) = \dfrac{C_1}{T_1} + \dfrac{C_2}{T_2} + ... + \dfrac{C_n}{T_n}$

여기서,
C : 소음의 실제 노출시간
T : 소음의 노출기준

2. 평가
$EI > 1$: 노출기준을 초과함
$EI < 1$: 노출기준을 초과하지 않음

제6장 작업환경관리

1. 인체계측방법

① 정적 인체계측(구조적 인체치수) : **정지 상태에서의 신체를 계측**하는 방법
② 동적 인체계측(기능적 인체치수) : **체위의 움직임에 따른 계측**하는 방법

2. 인체계측자료의 응용 3원칙 ✿

① 최대치수와 최소치수 설계(극단치 설계)
   최대치수 또는 최소치수를 기준으로 하여 설계한다.

최대치수 설계의 예	최소치수 설계의 예
• 위험구역의 울타리 높이 • 출입문의 높이 • 그네줄의 인장강도	• 물건을 올리는 선반의 높이 • 조정장치를 조정하는 힘 • 조정장치까지의 조정거리

② 조절범위(조정범위) : 체격이 다른 여러 사람에 맞도록 설계한다.
   예 침대, 의자 높낮이 조절, 자동차의 운전석 위치조정
③ 평균치를 기준으로 한 설계 : 최대 치수나 최소 치수, 조절식으로 하기가 곤란할 때 평균치를 기준으로 하여 설계한다.
   예 은행의 창구 높이

3. 통제표시비(C / R비)

통제기기와 시각적 표시장치의 관계를 나타내며, **연속 조종장치에만 적용**된다.

(1) 통제표시비의 계산

①
$$C/R비 = \frac{X}{Y}$$

여기서, X : 통제기기의 변위량(cm)   Y : 표시계기 지침의 변위량(cm)

②
$$C/R비 = \frac{\frac{a}{360} \times 2\pi L}{Y}$$

여기서, a : 조종장치의 움직인 각도 L : 조종장치의 반경

(2) 통제표시비 설계 시 고려사항

① 계기의 크기
② 목측거리(목시거리)
③ 조작시간
④ 방향성
④ 공차

(3) 최적 C/R비는 1.18 ~ 2.42 정도이다.

4. 에너지 대사율(RMR) ✄✄

① 작업강도는 에너지 대사율로 나타낸다.

에너지 대사율(RMR)의 계산 ✄✄

$$RMR = \frac{노동대사량}{기초대사량} = \frac{작업\ 시의\ 소비\ energy - 안정\ 시의\ 소비\ energy}{기초대사량}$$
---

② **작업 시의 소비에너지는 작업 중에 소비한 산소의 소모량으로 측정한다.**
③ 안정 시의 소비에너지는 의자에 앉아서 호흡하는 동안에 소비한 산소의 소모량으로 측정한다.

5. 작업강도 구분에 따른 RMR ✄✄

① **경작업**(輕작업), 가벼운 작업 : 1~2
② **중작업**(中작업), 보통 작업 : 2~4
③ **중작업**(重작업), 힘든 작업 : 4~7
④ **초중작업**(超重작업), 굉장히 힘든 작업 : 7 이상

6. 휴식시간의 계산 ✄✄

$$휴식시간(R) = \frac{60 \times (E-5)}{E-1.5}\ [분]$$

- 1.5 : 휴식 중의 에너지 소비량
- 5(kcal/분) : 기초대사를 포함한 보통 작업에 대한 평균 에너지(기초대사를 제외한 경우 4kcal/분)
- 60(분) : 작업시간
- E(kcal/분) : 문제에서 주어진 작업을 수행하는데 필요한 에너지

7. 작업공간 ✄

① **포락면** : 한 장소에 앉아서 수행하는 작업에서 작업하는데 사용하는 공간
② **파악한계** : 앉은 작업자가 특정한 수작업 기능을 수행할 수 있는 공간의 외곽한계
③ **특수작업역** : 특정 공간에서 작업하는 구역

8. 수평 작업대

① 정상작업역 : 상완을 자연스럽게 늘어뜨린 채 전완만으로 뻗어 파악할 수 있는 구역
② 최대작업역 : 전완과 상완을 곧게 펴서 파악할 수 있는 구역

(1) 작업대의 높이

① 석식 작업대 높이 : 작업대 높이는 의자 높이, 작업대 두께, 대퇴 여유 등을 고려하여 설계하여야 한다.
② 입식 작업대 높이
  ㉠ 경(經)작업 시 작업대의 높이는 팔꿈치 높이보다 5~10cm 정도 낮은 것이 적당하다.
  ㉡ 중(重)작업 시 작업대의 높이는 팔꿈치 높이보다 10~20cm 정도 낮은 것이 적당하다.
  ㉢ 정밀작업 시 작업대의 높이는 팔꿈치 높이보다 5~10cm 정도 높은 것이 적당하다.

(2) 신체의 기본동작

굴곡(flexion, 굽히기)	관절각이 감소하는 움직임
신전(extension, 펴기)	관절각이 증가하는 움직임
외전(abduction, 벌리기)	신체 중심선으로부터 밖으로 이동
내전(adduction, 모으기)	신체 중심선으로 이동
외선(external rotation)	신체 중심선으로부터 밖으로 회전
내선(internal rotation)	신체 중심선으로 회전

9. 부품배치의 원칙

① 중요성의 원칙 : 부품을 작동하는 성능이 체계의 목표 달성에 중요한 정도에 따라 우선순위를 결정한다.
② 사용빈도의 원칙 : 부품을 사용하는 빈도에 따라 우선순위를 결정한다.
③ 기능별 배치의 원칙 : 기능적으로 관련된 부품들(표시장치, 조정장치 등)을 모아서 배치한다.
④ 사용 순서의 원칙 : 사용 순서에 따라 장치들을 가까이에 배치한다.

10. 동작경제의 3원칙(바안즈 Barnes)

(1) 인체 사용에 관한 원칙
① 두 손을 동시에 동작하기 시작하여 동시에 끝나도록 하여야 한다.
② 휴식 시간 중이 아니면 두 손을 동시에 쉬어서는 안 된다.
③ 두 팔의 동작들은 서로 반대 방향에서 대칭적으로 움직인다.
④ 손과 신체의 동작은 작업을 원만하게 수행할 수 있는 범위 내에서 가장 낮은 동작 등급을 사용한다. 인체의 사용 범위가 넓을수록 피로가 더하고 시간도 낭비된다.
⑤ 가능한 한 관성(Momentum)을 이용해야 하며 작업자가 관성을 억제해야 하는 경우 관성을 최소한도로 줄인다.
⑥ 손의 동작은 부드러운 연속동작으로 하고 급격한 방향 전환을 가지는 직선 동작은 피한다.

(2) 작업장의 배치에 관한 원칙
① 모든 공구 및 재료는 정위치에 배치해야 한다.
② 공구, 재료 및 조정기는 사용 위치에 가까이 두어야 한다.
③ 가능하면 낙하식 운반법을 사용한다.
④ 재료와 공구들은 자기 위치에 있도록 한다.

(3) 공구 및 설비의 설계에 관한 원칙
① 치공구, 발로 조정하는 장치에 의해서 수행할 수 있는 작업에는 손의 부담을 덜어주어야 한다.(발로 수행할 수 있는 작업은 손을 사용하지 않음)
② 공구를 결합하여 사용한다.
③ 공구 및 재료는 가능한 한 작업자 앞에 둔다.

> **비교합시다!** 동작경제의 3원칙(길브레드 Gilbrett)

(1) 작업량 절약의 원칙
① 적게 운동한다.
② 재료나 공구는 취급하는 부근에 정돈한다.
③ 동작의 수를 줄인다.
④ 동작의 양을 줄인다.

(2) 동작개선의 원칙
① 동작이 자동적으로 리드미컬한 순서로 한다.
② 양손은 동시에 반대의 방향으로 좌우 대칭적으로 운동한다.
③ 가급적 관성, 중력, 기계력 등을 이용한다.
④ 작업점의 높이를 적당히 하고 피로를 줄인다.
⑤ 물건을 장시간 취급할 때는 장구를 사용한다.

(3) 동작능 활용의 원칙
① 발 또는 왼손으로 할 수 있는 일은 오른손을 사용하지 않는다.
② 양손으로 동시에 작업을 시작하고 동시에 끝낸다.

11. 의자 설계의 일반 원리

① 요추의 전만곡선을 유지할 것
② 디스크의 압력을 줄인다.
③ 등근육의 정적부하를 감소시킨다.
④ 자세고정을 줄인다.
⑤ 쉽게 조절할 수 있도록 설계할 것

12. 표시장치의 유형

① 정적 표시장치 : 시간에 따라 변화하지 않는 표시장치
  예 간판, 도표, 그래프 등
② 동적 표시장치 : 시간에 따라 변화하는 표시장치
  예 기압계, 고도계, 온도조절기 등

13. 시각적 표시장치의 종류

(1) 정량적 표시장치 ✈ : 계량값에 관한 정보를 제공하는데 사용된다.
① 정목동침형 : 눈금은 고정, 지침이 움직이는 형태
② 정침동목형 : 지침은 고정, 눈금이 움직이는 형태
③ 계수형 : 전력계, 택시요금 계기와 같이 숫자가 정확히 표시되는 형태

지침의 설계요령
① 선각이 20도 정도 되는 뾰족한 지침을 사용한다.
② 지침의 끝은 작은 눈금과 맞닿되, 겹쳐지지 않아야 한다.
③ 원형 눈금의 경우 지침의 색은 선단에서 눈금의 중심까지 칠한다.
④ 지침은 눈금과 밀착시킨다.

(2) 정성적 표시장치 : 온도, 압력, 속도와 같이 연속적으로 변하는 변수의 대략적인 값이나 변화 추세, 비율 등을 알고자 할 때 주로 사용한다.

(3) 상태 표시기(status indicator) : 체계의 상황이나 상태를 나타낸다.

(4) 신호, 경고등 : 비상 또는 위험 상황, 물체의 존재 유무 등을 나타낸다.

신호 및 경보등의 빛의 검출성에 영향을 미치는 인자
① 광원의 크기 : 배경보다 2배 이상의 밝기를 가진다.
② 광속발산도 및 노출시간
③ 색광(검출 효과가 빠른 순서 : 적색-녹색-황색-백색)
④ 점멸속도 : 주의를 끌기 위해서는 초당 3~10회의 점멸속도와 지속시간은 0.05초 이상이 적당하다.
⑤ 배경광
⑥ 조작자의 정상시선 30도 내에 위치한다.
⑦ 경고등은 점멸하는 형태가 좋다.

(5) 묘사적 표시장치 : 사물 재현(TV화 항공 사진) 및 도해 및 상징 등이 예이다.

(6) 문자 - 숫자 표시 장치 : 문자, 숫자 및 관련된 여러 형태의 암호화 부호를 사용하는 장치

14. 부호의 3가지 유형

① 임의적 부호 : 부호가 이미 고안되어 있으므로 이를 배워야 하는 부호
  예 안전표지판의 원형-금지, 삼각형-안내표시 등
② 묘사적 부호 : 사물의 행동을 단순하고 정확하게 묘사한 부호
  예 위험표지판의 해골과 뼈, 보도 표지판의 걷는 사람
③ 추상적 부호 : 전언의 기본요소를 도식적으로 압축한 부호

15. 암호 체계의 일반적 사항

① 암호의 검출성 : 암호화한 자극은 검출이 가능할 것
② 암호의 변별성 : 다른 암호 표시와 구별될 수 있을 것
③ 부호의 양립성 : 자극 – 반응의 관계가 인간의 기대와 모순되지 않는 성질
④ 부호의 의미 : 암호를 사용할 때는 그 사용자가 그 뜻을 분명히 알 수 있어야 한다.
⑤ 암호의 표준화 : 암호를 표준화하여 다른 상황으로 변화하더라도 쉽게 이용할 수 있어야 한다.
⑥ 다차원 암호의 사용 : 2가지 이상의 암호를 조합해서 사용하면 정보 전달이 촉진된다.

16. 경계 및 경보신호 설계지침

① 귀는 중음역에 민감하므로 500~3,000Hz의 진동수 사용
② 300m 이상 장거리용 신호는 1,000Hz 이하의 진동수 사용
③ 장애물 및 칸막이 통과 시는 500Hz 이하의 진동수 사용
④ 주의를 끌기 위해서는 변조된 신호 사용
⑤ 배경 소음의 진동수와 구별되는 신호 사용
⑥ 경보효과를 높이기 위해서 개시 시간이 짧은 고감도 신호를 사용
⑦ 가능하면 확성기, 경적 등과 같은 별도의 통신계통을 사용

17. 청각적표시의 설계원리

① 양립성 : 긴급용 신호일 때는 높은 주파수를 사용한다.
② 근사성 : 복잡한 정보를 나타내고자 할 때는 다음과 같이 2단계 신호를 고려한다.

③ 분리성 : 두 가지 이상의 채널을 듣고 있다면 각 채널의 주파수가 분리되어야 한다.
④ 검약성 : 조작자에 대한 입력신호는 꼭 필요한 정보만을 제공한다.
⑤ 불변성 : 동일한 신호는 항상 동일한 정보를 지정하도록 한다.

18. 청각장치와 시각장치의 비교 ☆☆

청각장치	시각장치
① 전언이 짧고, 간단할 때	① 전언이 길고, 복잡할 때
② 재참조 되지 않음	② 재참조 된다.
③ 시간적인 사상을 다룬다.	③ 공간적인 위치 다룬다.
④ 즉각적인 행동을 요구할 때	④ 즉각적 행동을 요구하지 않을 때
⑤ 시각계통이 과부하일 때	⑤ 청각계통이 과부하일 때
⑥ 주위가 너무 밝거나 암조응일 때	⑥ 주위가 너무 시끄러울 때
⑦ 자주 움직이는 경우	⑦ 한곳에 머무르는 경우

19. 광원으로부터 직사휘광 처리법

① 광원의 휘도를 줄이고 광원 수를 늘인다.
② 광원을 시선에서 멀게한다.
③ 휘광원 주위를 밝게하여 광속 발산비(휘도)를 줄인다.
④ 가리개, 갓, 차양을 사용한다.

20. 반사율 : 반사광의 에너지와 입사광의 에너지의 비율을 말한다.

① 반사율(%) = $\dfrac{광속발산도(fL)}{조명(fc)} \times 100$ ☆

② 조명(fc) = $\dfrac{광속발산도(fL)}{반사율(\%)} \times 100$

③ 대비(%) = $\dfrac{배경반사율(Lb) - 표적물체반사율(Lt)}{배경반사율(Lb)} \times 100$ ☆

④ 옥내 최적 반사율(천장 : 바닥 반사율 비율 = 3 : 1 이상 유지)
  ㉠ 천장(80~91%) > 벽(40~60%) > 가구(25~45%) > 바닥(20~40%)
  ㉡ 옥내의 반사율은 천정으로 올라갈수록 높고 바닥으로 내려갈수록 낮아져야 한다. ☆

21. 조도와 광도

(1) 조도(Lux) = $\dfrac{광도}{(거리)^2}$ ✮

(2) 법적 조도 기준 ✮✮
① 초정밀 작업 : 750Lux 이상   ② 정밀 작업 : 300Lux 이상
③ 보통 작업 : 150Lux 이상   ④ 기타 작업 : 75Lux 이상

22. 소음과 청력손실

① 진동수가 높아짐에 따라 청력손실도 심해진다.
② 청력손실의 정도는 노출 소음 수준에 따라 증가한다.
③ 초기 청력손실은 4,000Hz에서 가장 크게 나타난다. ✮
④ 강한 소음에 대해서는 노출 기간에 따라 청력손실이 증가하지만 약한 소음과는 관계가 없다.

23. 소음을 내는 기계로부터 거리가 d₂만큼 떨어진 곳의 소음 계산 ✮

$$dB_2 = dB_1 - 20 \times \log\left(\dfrac{d_2}{d_1}\right)$$

• 소음기계로부터 d_1 떨어진 곳의 소음 : dB_1
• 소음기계로부터 d_2 떨어진 곳의 소음 : dB_2

24. 음량수준 측정 척도 ✮

① phone에 의한 음량수준
② sone에 의한 음량수준
③ 인식소음 수준

25. 소음기준 및 소음노출한계

(1) 복합소음 ✮
① 두 소음 수준차가 10dB 이내일 때 : 복합소음 발생
② 같은 소음 수준의 기계 2대일 때 : 3dB 소음이 증가하는 현상을 말한다.

(2) 은폐현상(Masking 현상)

① 두음의 차가 10dB 이상인 경우 발생한다.
② 높은 음이 낮은 음을 상쇄시켜 높은 음만 들리는 현상이다.

26. 열평형 방정식(인체의 열교환 과정)

$$S(열\ 축적) = M(대사\ 열) - E(증발) \pm R(복사) \pm C(대류) - W(한\ 일)$$

여기서, S는 열 이득 및 열 손실량이며, 열평형 상태에서는 0이다.

27. Oxford 지수 : 습건(WD) 지수라고도 함

$$WD = 0.85W + 0.15d\ (℃)$$

여기서, W : 습구온도, d : 건구온도

28. 실효온도(감각온도, effective temperature)

① 실효온도는 온도, 습도 및 공기 유동이 인체에 미치는 열 효과를 하나의 수치로 통합한 경험적 감각지수로 상대습도 100%일 때의 건구온도에서 느끼는 것과 동일한 온감(溫感)이다.
② 실효온도의 결정요소 : 온도, 습도, 대류(공기 유동)

29. 시각의 계산

$$시각(분) = \frac{57.3 \times 60 \times L}{D}$$

여기서 D : 물체와 눈 사이의 거리, L : 시선과 직각으로 측정한 물체의 크기

PART 03 기계·기구 및 설비 안전 관리

제1장 기계공정의 안전

1. 위험점 분류 ✿✿✿

① 협착점	② 끼임점	③ 절단점
왕복운동 부분과 고정부분 사이에서 형성되는 위험점	고정부분과 회전하는 동작 부분 사이에서 형성되는 위험점	회전하는 운동부 자체, 운동하는 기계부분 자체의 위험점
예 프레스기, 전단기, 성형기 등	예 연삭숫돌과 덮개, 교반기 날개와 하우징 등	예 날, 커터를 가진 기계
④ 물림점	⑤ 접선 물림점	⑥ 회전 말림점
회전하는 두 개의 회전체에 물려 들어가는 위험점	회전하는 부분의 접선 방향으로 물려 들어가는 위험	회전하는 물체에 작업복, 머리카락 등이 말려 들어가는 위험점
예 롤러와 롤러, 기어와 기어 등	예 벨트와 풀리, 체인과 스프로킷, 랙과 피니언 등	예 회전축, 커플링 등

2. 원동기 · 회전축 등의 위험 방지 ✿✿

① 기계의 원동기·회전축·기어·풀리·플라이 휠·벨트 및 체인 등 근로자에게 위험을 미칠 우려가 있는 부위에는 덮개·울·슬리브 및 건널다리 등을 설치하여야 한다.

② 회전축·기어·풀리 및 플라이 휠 등에 부속하는 키·핀 등의 기계 요소는 묻힘형으로 하거나 해당 부위에 덮개를 설치하여야 한다.
③ 벨트의 이음 부분에는 돌출된 고정구를 사용하여서는 아니된다.
④ 건널다리에는 안전난간 및 미끄러지지 아니하는 구조의 발판을 설치하여야 한다.

3. 리미트 스위치 ✄

기계가 한계를 벗어나 과도하게 작동하는 것을 제한하는 장치를 말한다.
① 과부하방지 장치　　　　　② 권과방지 장치
③ 과전류차단 장치　　　　　④ 압력제한 장치

4. 방호장치의 분류

위험장소에 따른 분류 ✄	격리형 방호장치	위험한 작업점과 작업자 사이에 서로 접근되어 일어날 수 있는 재해를 방지하기 위해 차단벽이나 망을 설치하는 방호장치 예 완전 차단형 방호장치, 덮개형 방호장치, 방책 등
	위치 제한형 방호장치	작업자의 신체부위가 위험한계 밖에 있도록 기계의 조작 장치를 위험한 작업점에서 안전거리 이상 떨어지게 하거나 조작장치를 양손으로 동시 조작하게 함으로써 위험한계에 접근하는 것을 제한하는 방호장치 예 프레스의 양수조작식 방호장치
	접근 거부형 방호장치	작업자의 신체부위가 위험한계내로 접근하였을 때 기계적인 작용에 의하여 접근을 못하도록 저지하는 방호장치 예 프레스의 수인식, 손 쳐내기식 방호장치
	접근 반응형 방호장치	작업자의 신체부위가 위험한계 또는 그 인접한 거리내로 들어오면 이를 감지하여 그 즉시 기계의 동작을 정지시키고 경보 등을 발하는 방호장치 예 프레스의 광전자식 방호장치
위험원에 따른 분류 ✄	포집형 방호장치	위험장소에 설치하여 위험원이 비산하거나 튀는 것을 포집하여 작업자로부터 위험원을 차단하는 방호장치 예 목재가공용 둥근톱의 반발예방장치, 연삭기의 덮개 등
	감지형 방호장치	이상온도, 이상기압, 과부하등 기계의 부하가 안전한계치를 초과하는 경우에 이를 감지하고 자동으로 안전상태가 되도록 조정하거나 기계의 작동을 중지시키는 방호장치

방호조치를 하지 아니하고는 양도·대여·설치·사용, 진열해서는 아니 되는 기계·기구 ✄✄✄

① 예초기　　　　　　　② 원심기
③ 공기압축기　　　　　④ 금속절단기
⑤ 지게차　　　　　　　⑥ 포장기계(진공포장기, 랩핑기로 한정)

방호조치 없이 포장된 공원에서는 원예 금지

1. 예초기의 날 접촉 예방장치		예초기의 절단 날 또는 비산물로 부터 작업자를 보호하기 위해 설치하는 보호덮개 등의 장치를 말한다.
2. 원심기의 회전체 접촉 예방장치		원심기의 케이싱 또는 하우징 내부의 회전통 등에 작업자의 신체 일부가 접촉되는 것을 방지하기 위해 설치하는 덮개 등의 장치를 말한다.
3. 공기압축기의 압력방출장치		공기압축기에 부속된 압력용기의 과도한 압력상승을 방지하기 위하여 설치하는 안전밸브, 언로드밸브 등의 장치를 말한다.
4. 금속절단기의 날 접촉 예방장치		띠톱, 둥근톱 등 금속절단기의 절단 날 또는 비산물로 부터 작업자를 보호하기 위하여 설치하는 장치를 말한다.
5. 지게차의 헤드가드, 백레스트, 전조등, 후미등, 안전벨트	헤드가드	지게차를 이용한 작업 중에 위쪽으로부터 떨어지는 물건에 의한 위험을 방지하기 위하여 운전자의 머리 위쪽에 설치하는 덮개를 말한다.
	백레스트	지게차를 이용한 작업 중에 마스트를 뒤로 기울일 때 화물이 마스트 방향으로 떨어지는 것을 방지하기 위해 설치하는 짐받이 틀을 말한다.
7. 포장기계(진공포장기, 랩핑기)의 구동부 방호 연동장치		진공포장기, 랩핑기의 구동부에 설치되는 방호장치 등이 개방되었을 때 기계의 작동이 정지되도록 하거나 방호장치가 닫힌 상태에서만 기계가 작동되도록 상호 연결시키는 것을 말한다.

방호조치가 필요한 유해위험 기계·기구 중 동력으로 작동되는 기계·기구의 방호조치

① 작동 부분의 돌기부분은 묻힘형으로 하거나 덮개를 부착할 것
② 동력전달부분 및 속도조절부분에는 덮개를 부착하거나 방호망을 설치할 것
③ 회전기계의 물림점(롤러·기어 등)에는 덮개 또는 울을 설치할 것

5. 가드의 종류

① 고정가드
기계의 운동부분(위험점)에 신체가 접촉하는 것을 방지하는 목적으로 기계의 개구부에 고정하여 설치하는 가드

고정형 가드의 구비 조건
• 기계의 운동부분(위험점)에 신체가 접촉하는 것을 방지하는 구조일 것 • 충분한 강도를 유지할 것 • 단순한 구조이며 조정이 용이할 것 • 일반작업, 점검, 주유 시 방해되지 않는 구조일 것

② 조정 가드 : 위험 구역에 맞추어 형상과 크기를 조절 가능한 가드
③ 연동 가드(인터록 가드) : 기계 작동 중에 가드를 개폐하는 경우 기계가 정지하는 가드
④ 자동 가드

6. 가드의 개구부 치수(최대 개구간격) ✖✖

가드	① X<160mm일 경우 Y = 6 + 0.15X ② X≧160mm일 경우 Y = 30mm 여기서, X : 안전거리(위험점에서 가드까지의 거리)(mm) 　　　　Y : 가드의 최대 개구 간격(mm)
일방 평행 보호망, 위험점이 전동체인 경우	① Y = 6 + 0.1X 　여기서, X : 안전거리(mm) 　　　　Y : 가드의 최대 개구 간격(mm)

7. 응력, 강도의 계산 ✖

$$응력(강도)\ \sigma = \frac{P_t}{A} = \frac{하중}{단면적}(kgf/mm^2,\ kgf/cm^2)$$

$$(지름\ d가\ 주어질\ 경우의\ 단면적\ A = \frac{\pi \times d^2}{4})$$

8. 안전율의 계산 ✖

$$안전율 = \frac{극한강도}{허용응력} = \frac{극한강도}{최대설계응력} = \frac{극한강도}{사용응력} = \frac{파괴하중}{최대사용하중} = \frac{파단하중}{안전하중}$$
$$= \frac{극한하중}{정격하중}$$

위험도가 큰 하중(안전율이 커진다)✖ : 충격하중 > 교번하중 > 반복하중 > 정하중

- 안전율을 가장 크게 취해야 하는 하중(가장 위험하다) : 충격하중
- 안전율을 가장 작게 취해야 하는 하중(가장 안전하다) : 정하중

9. 페일세이프의 구분 ✖✖

① Fail-passive : 부품 고장 시 기계장치는 정지한다.
② Fail-active : 부품 고장 시 기계는 경보를 울리며 짧은 시간 운전한다.
③ Fail-operational : 부품 고장이 있어도 다음 정기점검까지 운전이 가능하다.

10. 방호장치의 분류

위험장소에 대한 방호장치	위험원에 대한 방호장치
① 격리형 방호장치 ② 위치 제한형 방호장치 ③ 접근 거부형 방호장치 ④ 접근 반응형방호장치	① 포집형 방호장치 ② 감지형 방호장치

제3장 기계설비 위험요인 분석

1. 공작기계 작업의 안전 ✖

① 절삭공구를 짧게 장착하고, 절삭성 나쁘면 바꾼다.
② 보안경을 착용하고, 차폐막을 설치한다.
③ 절삭분 제거는 기계를 정지하고 브러시나 봉을 사용한다.(손 사용 금지)

④ 회전이나 절삭 중에는 공작물 측정, 점검, 주유 등의 작업을 금지한다.
   (운전을 정지하고 실시한다)
⑤ 장갑은 절대 착용 금지한다.

2. 선반의 안전 장치

① 쉴드(Shield) : 칩 및 절삭유의 비산을 방지하기 위해 설치하는 **플라스틱 덮개**
② 칩 브레이커 : **칩을 짧게 절단하는 장치**
③ 척 커버 : 기어 등을 복개하는 장치
④ 브레이크 : 선반의 일시 정지장치

3. 선반의 안전 작업 방법

① 베드에는 공구를 올려놓지 말 것
② 칩 제거는 운전 정지 후 브러시를 이용할 것
③ 양센터 작업 시에는 심압대에 윤활유를 자주 주입할 것
④ **공작물의 길이가 직경의 12~20배 이상일 때에는 방진구 사용하여 재료를 고정할 것**
⑤ **바이트는 끝을 짧게 할 것**
⑥ 시동 전에 척 핸들을 빼둘 것
⑦ 반드시 **보안경을 착용할 것**

4. 밀링(Milling) 작업의 안전

① 커터가 날카롭고 예리해서 **칩이 가장 가늘고 예리하다.**
② 반드시 **보호안경 착용, 장갑은 절대 착용을 금지한다.**
③ 칩 제거는 운전 정지 후 브러시를 이용한다.
④ **강력 절삭 시 일감을 바이스에 깊게 물린다.**
⑤ 제품을 측정, 풀어낼 때는 반드시 운전을 정지한다.
⑥ 보링, 드릴, 내형 홈파기 작업이 가능하다.

5. 플레이너(Planer : 평삭기) 작업의 안전

① 플레이너 **운동 범위에 방책을 설치한다.**
② 프레임 내 피트에 덮개를 설치한다.
③ 베드 위에 물건 등을 두지 않는다.
④ 바이트는 되도록 짧게 나오도록 설치한다.

6. 세이퍼(Shaper : 형삭기) 작업의 안전 ✄

① 램은 가급적 행정을 짧게한다.
② 바이트를 짧게 물린다.
③ 재질에 따라 절삭속도를 결정한다.
④ 운전자는 바이트의 운동 방향(정면)에 서지 말고 측면에서 작업한다.
⑤ 세이퍼 운동 범위에 방책을 설치한다.

7. 드릴(Drill) 작업의 안전

(1) 일감 고정 방법 ✄
① 일감 작을 때 : 바이스로 고정
② 일감이 크고 복잡할 때 : 볼트와 고정구
③ 대량 생산과 정밀도를 요할 때 : 전용의 지그 사용

(2) 드릴 안전 대책
① 드릴 작업 시에는 장갑 착용 금지
② 칩 제거 시에는 운전 정지 후 솔로서 제거
③ 큰 구멍을 뚫을 때에는 작은 구멍을 먼저 뚫은 후에 뚫을 것
④ 작업시에는 보안경 착용
⑤ 자동 이송작업 중에는 기계를 멈추지 말 것

8. 연삭기 작업안전대책 ✄✄

① 숫돌에 충격을 가하지 말 것
② 작업 시작 전 1분 이상, 숫돌 대체 시 3분 이상 시운전할 것
③ 연삭 숫돌 최고 사용 회전속도 초과 사용 금지
④ 측면을 사용하는 것을 목적으로 제작된 연삭기 이외에는 측면 사용 금지
⑤ 작업시에는 숫돌의 원주면을 이용하고, 작업자는 숫돌의 측면에서 작업할 것

9. 연삭기의 방호장치 ✄✄

① 덮개 ✄✄
산업안전보건법에는 숫돌 직경이 5cm 이상인 것부터 반드시 설치하도록 되어 있다.

② 덮개의 설치

숫돌의 외경이 125mm 이상인 연삭기 또는 연마기 : 숫돌의 절단면과 가드 사이의 거리가 5mm 이내이고 숫돌의 측면과의 간격이 10mm 이내가 되도록 조정할 것

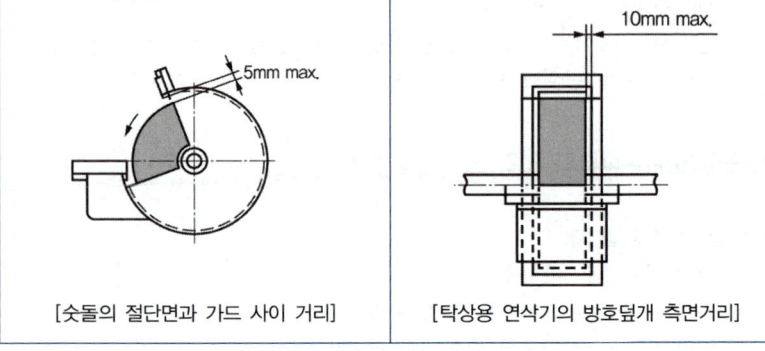

[숫돌의 절단면과 가드 사이 거리] [탁상용 연삭기의 방호덮개 측면거리]

③ 가공물 받침대(워크레스트)및 유도·고정장치
- 연삭기 또는 연마기에는 가공물이 움직이지 않도록 가공물 고정장치를 설치해야 한다.
- 탁상용 및 절단용 연삭기의 연삭숫돌의 외주면과 받침대 사이의 거리 : 2mm를 초과하지 않을 것 ✣ (위험기계기구 자율안전 확인 고시)

> **참고**
>
> 탁상용 연삭기의 덮개에는 워크레스트 및 조정편을 구비하여야 하며, 워크레스트는 연삭숫돌과의 간격을 3밀리미터 이하로 조정할 수 있는 구조이어야 한다.
>
>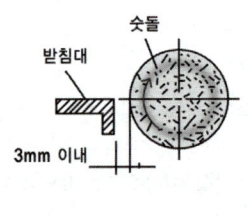
>
> 받침대의 간격
>
> [방호장치 자율안전기준 고시]

④ 투명 비산방지판(안전 실드, 방호 스크린)
- 연삭분의 비산을 방지하기 위하여 투명한 비산방지판을 설치한다.

10. 덮개 노출각도 ✰✰

① 탁상용
- 상부를 사용하는 경우 : 60° 이내
- 수평면 이하에서 연삭 : 125° 이내
- 최대 원주 속도가 초당 50m 이하인 경우 : 90° 이내(주축면 위로 50°)
- 그 외 탁상용 연삭기 : 80° 이내(주축면 위로 65°)

② 절단기, 평면형 연삭기 : 150° 이내

③ 휴대용, 원통형 연삭기 : 180° 이내

11. 연삭기 숫돌 파괴 원인 ✰✰

① 숫돌의 회전 속도가 너무 빠를 때(회전력이 결합력보다 클 때)
② 숫돌 자체에 균열이 있을 때
③ 숫돌의 측면을 사용하여 작업할 때
④ 숫돌에 과대한 충격을 가할 때
⑤ 플랜지가 현저히 작을 때(플랜지는 숫돌 지름의 1/3 이상일 것)
⑥ 숫돌 불균형, 베어링 마모에 의한 진동이 있을 때
⑦ 반지름 방향의 온도변화가 심할 때

12. 연삭기의 회전속도(원주속도) 계산 ✰✰

$$회전속도\ V(m/min) = \frac{\pi \times D \times N}{1000}$$

D : 롤러의 직경(mm)
N : 회전수(rpm)

13. 비파괴검사의 실시 ✰

사업주는 고속회전체(회전축의 중량이 1톤을 초과하고 원주속도가 매초당 120미터 이상인 것에 한한다)의 회전시험을 하는 때에는 미리 회전축의 재질 및 형상 등에 상응하는 종류의 비파괴검사를 실시하여 결함 유무를 확인하여야 한다.

14. 목재 가공용 둥근톱 기계의 방호장치

① 날접촉 예방장치(덮개)
② 반발예방장치 : 분할날, 반발 방지 기구(finger), 반발 방지 롤러

분할날의 설치조건

- 분할날 두께는 톱두께의 1.1배 이상이며 치진폭보다 작을 것

$$1.1\, t_1 \leq t_2 < b$$

여기서, t_1 : 톱두께, t_2 : 분할날두께, b : 치진폭

- 톱날 후면과의 간격은 12mm 이내일 것
- 후면날의 2/3 이상을 덮어 설치할 것
- $$분할날\ 최소길이\ L(\text{mm}) = \frac{\pi \times D}{6}$$

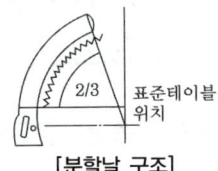

[분할날 구조]

여기서, D : 톱날직경(mm)

- 직경이 610mm를 넘는 둥근톱에는 현수식 분할날을 사용할 것

---

15. 동력식 수동대패 방호장치

칼날 접촉 방지장치(덮개)

16. 프레스의 본질안전 조건
(No-hand in die 방식, 금형 내 손이 들어가지 않는 구조)

① **안전울을 부착한 프레스**(프레스에 안전울 부착)
② **안전한 금형** 사용
③ **전용 프레스** 도입
④ **자동 프레스** 도입
   (자동 송급·배출 기구가 있는 프레스, 자동 송급·배출장치를 부착한 프레스)

17. 프레스의 방호장치 설치기준

일행정 일정지식 프레스(크랭크 프레스)	• 양수 조작식 • 게이트 가드식
슬라이드 작동 중 정지 가능한 구조 (급정지장치 가짐)	• 감응식(광전자식) • 양수조작식
마찰 프레스에 사용 가능하나 크랭크식 프레스에 사용 불가능	• 감응식(광전자식)

18. 프레스 방호장치의 종류 및 특징

(1) 양수조작식 방호장치

① 1행정 1정지식 프레스에 사용되는 것으로서 **누름 버튼을 양손으로 동시에 조작**하지 않으면 기계가 동작하지 않으며, 한 손이라도 떼어내면 기계를 정지시키는 방호장치
② 누름 버튼의 상호 간 내측거리는 300mm 이상이어야 한다.
③ 1행정 1정지 기구에 사용할 수 있어야 한다.

안전거리(위험점과 안전장치(버튼) 간의 설치 거리)

1. (프레스, 전단기의 방호장치 안전인증 기준)

   > 안전거리 D(cm)= 160×프레스 작동 후 작업점까지의 도달시간(초)

2. (프레스의 안전인증 기준)

   > 안전거리 $D(mm) = 1600 \times (T_c + T_s)$

- T_c : **방호장치의 작동시간**[누름버튼으로부터 한 손이 떨어졌을 때부터 급정지 기구가 작동을 개시할 때까지의 시간(초)]
- T_s : **프레스의 급정지시간**[급정지기구가 작동을 개시했을 때부터 슬라이드가 정지할 때까지의 시간(초)]

> **비교합시다!** 양수기동식 방호장치의 안전거리 ✄✄

① 버튼에서 손을 떼고 위험점에 접근 시에 슬라이드는 이미 하사점에 도달한 구조
② 안전거리(위험점과 버튼 간의 설치 거리)

$$Dm(mm) = 1.6 \times Tm = 1.6 \times \left(\frac{1}{\text{클러치개소수}} + \frac{1}{2}\right) \times \left(\frac{60,000}{\text{매분행정수}}\right)$$

여기서, • Tm : 슬라이드가 하사점에 도달할 때까지의 시간(ms)
• $ms = \frac{1}{1000}$ 초

(2) 광전자식 방호장치
① 투광부, 수광부, 컨트롤 부분으로 구성된 것으로서 신체의 일부가 광선을 차단하면 기계를 급정지시키는 방호장치
② 연속 차광폭 30mm 이하(다만, 12광축 이상으로 광축과 작업점과의 수평거리가 500mm를 초과하는 프레스에 사용하는 경우는 40mm 이하)

> **안전거리(위험점과 안전장치간의 설치거리)의 계산 ✄✄**
>
> **1. (프레스, 전단기의 방호장치 안전인증기준)**
>
> 안전거리 D(cm)= 160×프레스 작동 후 작업점까지의 도달시간(초)
>
> **2. (프레스의 안전인증기준)**
>
> 안전거리 $D(mm) = 1600 \times (T_c + T_s)$
>
> • T_c : 방호장치의 작동시간[누름버튼으로부터 한 손이 떨어졌을 때부터 급정지기구가 작동을 개시할 때까지의 시간(초)]
> • T_s : 프레스의 급정지시간[급정지기구가 작동을 개시했을 때부터 슬라이드가 정지할 때까지의 시간(초)]

(3) 손쳐내기식(Sweep Guard식) 방호장치
① 슬라이드의 작동에 연동시켜 위험상태로 되기 전에 손을 위험 영역에서 밀어내거나 쳐내는 방호장치
② 손쳐내기식 방호장치의 일반구조
• 슬라이드 하 행정거리의 3/4 위치에서 손을 완전히 밀어내야 한다.
• 손쳐내기 봉의 행정(Stroke) 길이를 조정할 수 있고 진동 폭은 금형 폭 이상이어야 한다.

- 방호판과 손쳐내기 봉은 경량이면서 충분한 강도를 가져야 한다.
- 방호판의 폭은 **금형 폭의 1/2 이상**이어야 하고, 행정길이가 300mm 이상의 프레스기계에는 방호판 폭을 300mm로 해야 한다.
- 손쳐내기 봉은 손 접촉 시 충격을 완화할 수 있는 **완충재를 부착**해야 한다.

(4) 수인식(Pull Out식) 방호장치
슬라이드와 작업자 손을 끈으로 연결하여 슬라이드 하강 시 작업자 손을 당겨 위험영역에서 **빼낼 수 있도록** 한 방호장치

(5) 게이트가드식 방호장치
① 가드가 열려 있는 상태에서는 기계의 위험부분이 동작되지 않고 기계가 위험한 상태일 때에는 가드를 열 수 없도록 한 방호장치
② 가드가 열린 상태에서 슬라이드를 동작시킬 수 없고 또한 슬라이드 작동 중에는 게이트 가드를 열 수 없어야 한다.

19. 프레스의 작업시작 전 점검 사항 ✄✄✄

① 클러치 및 브레이크 기능
② 크랭크축·플라이 휠·슬라이드·연결 봉 및 연결 나사의 볼트 풀림 유무
③ 1행정 1정지 기구·급정지 장치 및 비상 정지 장치의 기능
④ 슬라이드 또는 칼날에 의한 위험 방지 기구의 기능
⑤ 프레스의 금형 및 고정 볼트 상태
⑥ 당해 방호장치의 기능
⑦ 전단기의 칼날 및 테이블의 상태

20. 금형의 안전화

금형을 부착, 해체, 조정 작업할 때 신체 일부가 위험점 내에서 슬라이드 불시 하강으로 인한 위험을 방지할 목적으로 안전블럭을 설치한다.(금형 수리작업은 해당되지 않는다) ✄✄

21. 롤러기

(1) 가드의 설치 ✩✩

가드의 개구간격	① X<160mm일 경우 $Y = 6 + 0.15X$ ② X≥160mm일 경우 $Y = 30mm$ 여기서, X : 안전거리(위험점에서 가드까지 거리)(mm) Y : 가드의 최대 개구 간격(mm)
일방 평행 보호망 및 위험점이 전동체인 경우의 개구간격	① $Y = 6 + 0.1X$ 여기서, X : 안전거리(mm) Y : 가드의 최대 개구 간격(mm)

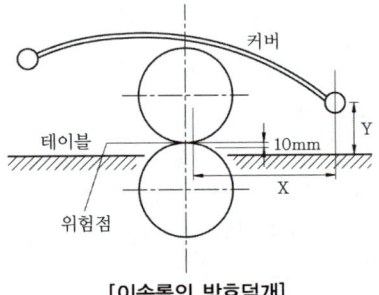

[이송롤의 방호덮개]

(2) 롤러기의 방호장치명 : 급정지장치 ✩✩✩

(3) 롤러기의 급정지장치 자율안전 확인(노동부 고시 기준) ✩✩✩

종 류	설치위치	비 고
손조작식	밑면에서 1.8m 이내	위치는 급정지장치의 조작부의 중심점을 기준
복부조작식	밑면에서 0.8m 이상 1.1m 이내	
무릎조작식	밑면에서 0.6m 이내 또는 (밑면으로부터 0.4m 이상 0.6m 이내)	

(4) 앞면 롤러의 표면속도에 따른 급정지거리 ✖✖

앞면 롤러의 표면속도(m/min)	급정지거리
30 미만	앞면 롤러 원주의 1/3 이내($=\pi \times D \times \frac{1}{3}$)
30 이상	앞면 롤러 원주의 1/2.5 이내($=\pi \times D \times \frac{1}{2.5}$) (여기서 $\pi \times D$: 앞면 롤러의 원주)

이때 표면속도의 산식은

$$V = \frac{\pi \cdot D \cdot N}{1,000} \text{(m/min)}$$

여기서, V : 표면속도(m/min)
       D : 롤러원통의 직경(mm)
       N : 1분 간에 롤러기가 회전되는 수(rpm)

22. 원심기의 방호장치 : 회전체 접촉 예방장치 ✖✖

23. 아세틸렌 용접장치

(1) 아세틸렌 용접장치 및 가스집합용접장치의 방호장치 : 안전기(역화방지기) ✖✖✖
(2) 안전기의 역할 : 가스의 역화 및 역류 방지 ✖
(3) 아세틸렌 용접장치를 사용하여 금속의 용접·용단 또는 가열작업을 하는 경우에는 게이지 압력이 127킬로파스칼(kPa)을 초과하는 압력의 아세틸렌을 발생시켜 사용해서는 아니 된다. ✖✖

(4) 안전기의 설치 ✖✖
① 아세틸렌 용접장치의 취관마다 안전기를 설치하여야 한다. 다만, 주관 및 취관에 가장 가까운 분기관마다 안전기를 부착한 경우에는 그러하지 아니하다.
② 가스용기가 발생기와 분리되어 있는 아세틸렌 용접장치에 대하여는 발생기와 가스용기 사이에 안전기를 설치하여야 한다.

(5) 아세틸렌 발생기실의 설치장소 ✖✖
① 아세틸렌 용접장치의 아세틸렌 발생기를 설치하는 경우에는 전용의 발생기실에 설치하여야 한다.
② 발생기실은 건물의 최상층에 위치하여야 하며, 화기를 사용하는 설비로부터 3미터를 초과하는 장소에 설치하여야 한다.
③ 발생기실을 옥외에 설치한 경우에는 그 개구부를 다른 건축물로부터 1.5미터 이상 떨어지도록 하여야 한다.

(6) 발생기실의 구조 ✪
① 벽은 불연성 재료로 하고 철근 콘크리트 또는 그 밖에 이와 동등 하거나 그 이상의 강도를 가진 구조로 할 것
② 지붕과 천장에는 얇은 철판이나 가벼운 불연성 재료를 사용할 것
③ 바닥면적의 16분의 1 이상의 단면적을 가진 배기통을 옥상으로 돌출시키고 그 개구부를 창이나 출입구로부터 1.5미터 이상 떨어지도록 할 것
④ 출입구의 문은 불연성 재료로 하고 두께 1.5밀리미터 이상의 철판이나 그 밖에 그 이상의 강도를 가진 구조로 할 것
⑤ 벽과 발생기 사이에는 발생기의 조정 또는 카바이드 공급 등의 작업을 방해하지 않도록 간격을 확보할 것

(7) 아세틸렌 용접장치의 관리
① 발생기(이동식 아세틸렌 용접장치의 발생기는 제외한다)의 종류, 형식, 제작업체명, 매 시 평균 가스발생량 및 1회 카바이드 공급량을 발생기실 내의 보기 쉬운 장소에 게시할 것
② 발생기실에는 관계 근로자가 아닌 사람이 출입하는 것을 금지할 것
③ 발생기에서 5미터 이내 또는 발생기실에서 3미터 이내의 장소에서는 흡연, 화기의 사용 또는 불꽃이 발생할 위험한 행위를 금지시킬 것 ✪✪
④ 도관에는 산소용과 아세틸렌용의 혼동을 방지하기 위한 조치를 할 것
⑤ 아세틸렌 용접장치의 설치장소에는 소화기 한 대 이상을 갖출 것
⑥ 이동식 아세틸렌 용접장치의 발생기는 고온의 장소, 통풍이나 환기가 불충분한 장소 또는 진동이 많은 장소 등에 설치하지 않도록 할 것

24. 가스집합 용접장치

(1) 가스집합장치는 화기를 사용하는 설비로부터 5미터 이상 떨어진 장소에 설치하여야 한다. ✪✪

(2) 가스장치실의 구조 ✪
① 가스가 누출된 때에는 당해 가스가 정체되지 아니하도록 할 것
② 지붕 및 천장에는 가벼운 불연성의 재료를 사용할 것
③ 벽에는 불연성의 재료를 사용할 것

(3) 가스집합 용접장치의 배관 ✄

① 플랜지·밸브·콕 등의 **접합부에는 개스킷을 사용**하고 접합면을 상호밀착 시키는 등의 조치를 할 것
② **주관 및 분기관에는 안전기를 설치할 것**(이 경우 **하나의 취관에 대하여 2개 이상의 안전기를 설치**하여야 한다)

(4) 용해아세틸렌의 가스집합 용접장치의 배관 및 부속기구는 동 또는 동을 70퍼센트 이상 함유한 합금을 사용하여서는 아니 된다.

(5) 충전가스 용기의 도색 ✄✄

가스용기의 색 ✄✄	
① 산소 → 녹색	② 수소 → 주황색
③ 탄산가스 → 청색	④ 염소 → 갈색
⑤ 암모니아 → 백색	⑥ 아세틸렌 → 황색
⑦ 그 외 가스 → 회색	

> 실력이 되고! 합격이 되는! 특급 암기법
>
> 산녹, 수주, 탄청, 염갈, 아황, 암백

(6) 가스등의 용기 취급 시 주의사항 ✄

① 가스용기를 사용·설치·저장 또는 방치하지 않아야 하는 장소
  ㉠ **통풍 또는 환기가 불충분한 장소**
  ㉡ **화기를 사용하는 장소 및 그 부근**
  ㉢ 위험물 또는 인화성 액체를 취급하는 장소 및 그 부근
② **용기의 온도를 섭씨 40도 이하로 유지할 것**
③ **전도의 위험이 없도록 할 것**
④ 충격을 가하지 아니하도록 할 것
⑤ **운반할 때에는 캡을 씌울 것**
⑥ 사용할 때에는 용기의 마개에 부착되어 있는 유류 및 먼지를 제거할 것
⑦ **밸브의 개폐는 서서히 할 것**
⑧ 사용 전 또는 사용 중인 용기와 그 외의 용기를 명확히 구별하여 보관할 것
⑨ **용해아세틸렌의 용기는 세워 둘 것**
⑩ 용기의 부식·마모 또는 변형상태를 점검한 후 사용할 것

25. 보일러

(1) 보일러 취급 시 이상 현상 ✖
① 포밍(foaming, 물거품 솟음) : 보일러수 중에 유지류, 용해 고형물, 부유물 등에 의해 **보일러 수면에 거품이 생겨 올바른 수위를 판단하지 못하는 현상**
② 플라이밍(priming, 비수 현상) : 보일러 부하의 급변, 수위 상승 등에 의해 **수분이 증기와 분리되지 않아 보일러 수면이 심하게 솟아올라** 올바른 수위를 판단하지 못하는 현상
③ 캐리오버(carry over, 기수 공발) : 보일러수 중에 용해 고형분이나 **수분이 발생, 증기 중에 다량 함유되어 증기의 순도를 저하시킴으로써 관내 응축수가 생겨 워터 해머의 원인**이 되고 증기 과열기나 터빈 등의 고장 원인이 된다.
④ 수격 작용 : 물망치 작용(**워터 해머**, water hammer)
   고여 있던 **응축수가 밸브를 급격히 개폐 시에 고온 고압의 증기에 이끌려 배관을 강하게 치는 현상**으로 배관파열을 초래한다.
⑤ 역화(Back Fire) : 보일러 시동 시 연료가 나온 다음 시간을 두고 착화하는 등으로 인해 미연소가스가 노 내에 잔류하며 비정상적인 폭발적 연소를 일으킨다.

(2) 보일러의 방호장치 ✖✖✖
① **압력방출 장치**
② **압력제한 스위치**
③ **기타 방호장치 : 고저 수위조절 장치, 화염검출기**

(3) 압력방출장치의 설치 ✖✖✖
① **압력방출장치를 1개 또는 2개 이상 설치하고 최고사용압력 이하에서 작동되도록 하여야 한다.** 다만, **압력방출장치가 2개 이상 설치된 경우에는 최고사용압력 이하에서 1개가 작동되고, 다른 압력방출장치는 최고사용압력 1.05배 이하에서 작동되도록 부착하여야 한다.**
② 압력방출장치는 **매년 1회 이상 "국가교정기관"**으로부터 교정을 받은 압력계를 이용하여 **토출압력**을 시험한 후 납으로 봉인하여 사용하여야 한다. 다만, **공정안전보고서 제출대상으로서 공정안전관리 이행수준 평가결과가 우수한 사업장의 압력방출장치에 대하여 4년마다 1회 이상 토출압력을 시험할 수 있다.**

(4) 압력제한스위치의 설치 ✖✖✖
보일러의 과열을 방지하기 위하여 최고사용압력과 상용압력 사이에서 **보일러의 버너연소를 차단할 수 있도록 압력제한스위치를 부착하여야** 한다.

26. 압력용기

(1) 압력용기의 방호장치 : 압력방출장치 ✄✄✄

(2) 압력방출장치의 설치 ✄✄
① 압력용기 등에 과압으로 인한 폭발을 방지하기 위하여 압력방출장치를 설치하여야 한다.
② 다단형 압축기 또는 직렬로 접속된 공기압축기에는 과압방지 압력방출장치를 각단마다 설치하여야 한다.
③ 압력방출장치가 압력용기의 최고사용압력 이전에 작동되도록 설정하여야 한다.
④ 압력방출장치는 1년에 1회 이상 국가교정기관으로부터 교정을 받은 압력계를 이용하여 토출압력을 시험한 후 납으로 봉인하여 사용하여야 한다. 다만, 공정안전보고서 제출대상으로서 공정안전관리 이행수준 평가결과가 우수한 사업장은 압력방출장치에 대하여 4년에 1회 이상 토출압력을 시험할 수 있다.
⑤ 운전자가 토출압력을 임의로 조정하기 위하여 납으로 봉인된 압력방출장치를 해체하거나 조정할 수 없도록 조치하여야 한다.

27. 공기압축기

(1) 공기압축기의 방호장치 ✄✄
공기압축기에는 다음 각 호에 해당하는 압력방출장치를 설치하여야 한다.
① 공기 토출구의 차단밸브를 닫아도 용기의 압력이 설정압력 이하에서 작동하는 구조의 언로드밸브
② 다음 각 목의 요건에 적합한 안전밸브
  ㉠ 안전인증(KCs)을 받은 것일 것
  ㉡ 내후성이 좋고 장기간 정지하여도 밸브시트에 접착되지 않을 것

(2) 공기압축기 작업시작 전 점검사항 ✄✄✄

공기압축기의 작업시작 전 점검	
① 공기저장 압력용기의 외관상태	② 드레인밸브의 조작 및 배수
③ 압력방출장치의 기능	④ 언로드밸브의 기능
⑤ 윤활유의 상태	⑥ 회전부의 덮개 또는 울
⑦ 그 밖의 연결부위의 이상 유무	

28. 산업용 로봇

(1) **산업용 로봇의 방호장치** : 안전매트 또는 광전자식 방호장치, 높이 1.8m 이상의 울타리

(2) **로봇교시 작업 시의 작업지침** ✽
   ① 로봇의 조작방법 및 순서
   ② 작업 중의 매니퓰레이터의 속도
   ③ 2인 이상의 근로자에게 작업을 시킬 때의 신호방법
   ④ 이상을 발견한 때의 조치
   ⑤ 이상을 발견하여 로봇의 운전을 정지시킨 후 이를 재가동 시킬 때의 조치
   ⑥ 그 밖에 로봇의 예기치 못한 작동 또는 오조작에 의한 위험을 방지하기 위하여 필요한 조치

(3) **수리 등 작업 시의 조치**

   로봇의 작동범위에서 해당 로봇의 수리·검사·조정(교시 등에 해당하는 것은 제외한다)·청소·급유 또는 결과에 대한 확인작업을 하는 경우에는 해당 로봇의 운전을 정지함과 동시에 그 작업을 하고 있는 동안 로봇의 기동스위치를 열쇠로 잠근 후 열쇠를 별도 관리하거나 해당 로봇의 기동스위치에 작업 중이란 내용의 표지판을 부착하는 등 해당 작업에 종사하고 있는 근로자가 아닌 사람이 해당 기동스위치를 조작할 수 없도록 필요한 조치를 하여야 한다.

(4) **로봇의 작업 시작 전 점검사항** ✽✽✽
   ① 외부전선의 피복 또는 외장의 손상 유무
   ② 매니퓰레이터(manipulator) 작동의 이상 유무
   ③ 제동장치 및 비상정지장치의 기능

(5) **운전 중 위험방지** ✽✽

   로봇의 운전(교시 등을 위한 로봇의 운전은 제외한다)으로 인하여 근로자에게 발생할 수 있는 부상 등의 위험을 방지하기 위하여 높이 1.8미터 이상의 울타리 (로봇의 가동범위 등을 고려하여 높이로 인한 위험성이 없는 경우에는 높이를 그 이하로 조절할 수 있다)를 설치하여야 하며, 컨베이어 시스템의 설치 등으로 울타리를 설치할 수 없는 일부 구간에 대해서는 안전매트 또는 광전자식 방호장치 등 감응형 방호장치를 설치하여야 한다.

29. 차량계 하역운반기계

(1) 차량계 하역운반기계의 넘어짐(전도) 방지 조치 ✖✖
① 지반의 부동침하(불동침하) 방지
② 갓길의 붕괴 방지
③ 유도자 배치

(2) 차량계 하역운반기계에 화물적재 시의 조치 ✖✖
① 하중이 한쪽으로 치우치지 않도록 적재할 것
② 구내운반차 또는 화물자동차의 경우 화물의 붕괴 또는 낙하에 의한 위험을 방지하기 위하여 화물에 로프를 거는 등 필요한 조치를 할 것
③ 운전자의 시야를 가리지 않도록 화물을 적재할 것
④ 화물을 적재하는 경우에는 최대적재량을 초과해서는 아니 된다.

(3) 차량계 하역운반기계 운전위치 이탈 시의 조치 ✖✖
① 포크, 버킷, 디퍼 등의 장치를 가장 낮은 위치 또는 지면에 내려 둘 것
② 원동기를 정지시키고 브레이크를 확실히 거는 등 갑작스러운 이동을 방지하기 위한 조치를 할 것
③ 운전석을 이탈하는 경우에는 시동키를 운전대에서 분리시킬 것. 다만, 운전석에 잠금장치를 하는 등 운전자가 아닌 사람이 운전하지 못하도록 조치한 경우에는 그러하지 아니하다.

(4) 싣거나 내리는 작업 ✖
차량계 하역운반기계에 단위화물의 무게가 100킬로그램 이상인 화물을 싣는 작업 또는 내리는 작업을 하는 때에는 당해 작업의 지휘자를 지정하여 다음 각 호의 사항을 준수하도록 하여야 한다.
① 작업순서 및 작업방법을 정하고 작업을 지휘할 것
② 기구 및 공구를 점검하고 불량품을 제거할 것
③ 해당 작업을 하는 장소에 관계 근로자가 아닌 사람이 출입하는 것을 금지할 것
④ 로프 풀기 작업 또는 덮개 벗기기 작업은 적재함의 화물이 떨어질 위험이 없음을 확인한 후에 하도록 할 것

30. 지게차

(1) 지게차 안전조건 ✰✰
① 지게차가 전도되지 않고 안정되기 위해서는 물체의 모멘트
  (M_1 = W×a)보다 지게차의 모멘트(M_2=G×b)가 더 커야 한다.

> W × a < G × b   (M_1 < M_2)

여기서, W : 화물중량　　　　　　　a : 앞바퀴~화물중심까지 거리
　　　 G : 지게차 자체 중량　　　　b : 앞바퀴~차 중심까지 거리

② 전 경사각 : 마스터의 수직위치에서 앞으로 기울인 경우 최대경사각 5~6° ✰
③ 후 경사각 : 마스터의 수직위치에서 뒤로 기울인 경우 최대경사각 10~12° ✰

(2) 지게차 작업시의 안정도 ✰✰

안정도	지게차의 상태
하역작업 시의 전·후 안정도 : 4% 이내 (5t이상 : 3.5%)	(위에서 본 경우)
주행 시의 전·후 안정도 : 18% 이내	
하역작업 시의 좌·우 안정도 : 6% 이내	(밑에서 본 경우)
주행 시의 좌·우 안정도 : (15+1.1V)% 이내 최대 40%(V : 최고속도 km/h)	

$$안정도 = \frac{h}{l} \times 100(\%)$$

(3) 방호장치 ✰✰
① 헤드가드 : 지게차에는 **최대하중의 2배(4톤을 넘는 값에 대해서는 4톤으로 한다)**에 해당하는 등분포정하중(等分布靜荷重)에 견딜 수 있는 강도의 헤드가드를 설치하여야 한다.
② 백레스트 : 지게차에는 포크에 적재된 화물이 마스트의 뒤쪽으로 떨어지는 것을 방지하기 위한 **백레스트(backrest)**를 설치하여야 한다.
③ 전조등, 후미등 : 지게차에는 **7천 5백칸델라 이상의 광도를 가지는 전조등, 2칸델라 이상의 광도를 가지는 후미등**을 설치하여야 한다.

④ 안전벨트 : 다음 각 호의 요건에 적합한 안전벨트를 설치하여야 한다.
  ㉠ 「산업표준화법에 따라 인증을 받은 제품」, 「품질경영 및 공산품안전관리법」에 따라 안전인증을 받은 제품, 국제적으로 인정되는 규격에 따른 제품 또는 국토해양부장관이 이와 동등 이상이라고 인정하는 제품일 것
  ㉡ 사용자가 쉽게 잠그고 풀 수 있는 구조일 것

(4) 설치방법 ✖✖

헤드가드	① 상부 틀의 각 개구의 폭 또는 길이는 16센티미터 미만일 것 ② 운전자가 앉아서 조작하거나 서서 조작하는 지게차의 헤드가드는 한국산업표준에서 정하는 높이 기준 이상일 것 (좌식 : 903mm 이상, 입식 : 1,905mm 이상)
백레스트	① 외부충격이나 진동 등에 의해 탈락 또는 파손되지 않도록 견고하게 부착할 것 ② 최대하중을 적재한 상태에서 마스트가 뒤쪽으로 경사지더라도 변형 또는 파손이 없을 것
전조등	① 좌우에 1개씩 설치할 것 ② 등광색은 백색으로 할 것 ③ 점등 시 차체의 다른 부분에 의하여 가려지지 아니할 것
후미등	① 지게차 뒷면 양쪽에 설치할 것 ② 등광색은 적색으로 할 것 ③ 지게차 중심선에 대하여 좌우대칭이 되게 설치할 것 ④ 등화의 중심점을 기준으로 외측의 수평각 45도에서 볼 때에 투영면적이 12.5제곱센티미터 이상일 것

(5) 지게차 운전 중 주의 사항 ✖
① 정해진 하중 및 높이를 초과하여 적재를 금지한다.
② 운전자 이외에는 절대 탑승을 금지한다.
③ 급격한 후퇴를 피해야 한다.
④ 정해진 구역 외는 운전을 금지한다.
⑤ 견인 시 견인봉을 사용한다.
⑥ 짐을 싣고 비탈길을 내려갈 때에는 후진한다.

(6) 지게차의 작업시작 전 점검 ✖✖✖
① 하역장치 및 유압장치 기능의 이상 유무
② 제동장치 및 조종장치 기능의 이상 유무
③ 바퀴의 이상 유무
④ 전조등, 후미등, 방향지시기, 경보장치 기능의 이상 유무

31. 구내 운반차

(1) 제동장치 등
구내 운반차를 사용하는 경우에 다음 각 호의 사항을 준수해야 한다.

① 주행을 제동하고 또한 정지상태를 유지하기 위하여 유효한 **제동장치**를 갖출 것
② **경음기**를 갖출 것
③ 운전석이 차 실내에 있는 것은 **좌우에 한 개씩 방향지시기를 갖출 것**
④ **전조등과 후미등을 갖출 것**. 다만, 작업을 안전하게 하기 위하여 필요한 조명이 있는 장소에서 사용하는 구내운반차에 대해서는 그러하지 아니하다.
⑤ 구내운반차가 후진 중에 주변의 근로자 또는 차량계 하역운반기계 등과 **충돌할 위험이 있는 경우에는** 구내운반차에 **후진 경보기와 경광등을 설치할 것**

(2) 구내 운반차의 작업시작 전 점검 ✡✡✡✡
① **제동장치 및 조종장치** 기능의 이상 유무
② **하역장치 및 유압장치** 기능의 이상 유무
③ **바퀴**의 이상 유무
④ **전조등·후미등·방향지시기 및 경음기** 기능의 이상 유무
⑤ **충전장치를 포함한 홀더 등의 결합상태**의 이상 유무

32. 고소작업대

(1) 고소작업대를 설치하는 때에는 다음 각 호에 해당하는 것을 설치하여야 한다.
① 작업대를 와이어로프 또는 체인으로 상승 또는 하강시킬 때에는 와이어로프 또는 체인이 끊어져 작업대가 낙하하지 아니하는 구조이어야 하며, **와이어로프 또는 체인의 안전율은 5 이상일 것** ✡
② 작업대를 **유압에 의하여 상승 또는 하강시킬 때에는** 작업대를 일정한 위치에 유지할 수 있는 장치를 갖추고 **압력의 이상저하를 방지할 수 있는 구조일 것**
③ **권과방지장치를 갖추거나 압력의 이상상승을 방지할 수 있는 구조일 것**
④ **붐의 최대 지면경사각을 초과 운전하여 전도되지 않도록 할 것**
⑤ 작업대에 **정격하중(안전율 5 이상)을** 표시할 것
⑥ 작업대에 끼임·충돌 등 재해를 예방하기 위한 **가드 또는 과상승방지장치를** 설치할 것
⑦ **조작반의 스위치는** 눈으로 확인할 수 있도록 **명칭 및 방향표시를 유지할 것**

(2) 악천후 시 작업 중지 ✖

비·눈 그 밖의 기상상태의 불안정으로 인하여 날씨가 몹시 나쁠 때에 10미터 이상의 높이에서 고소작업대를 사용함에 있어 근로자에게 위험을 미칠 우려가 있는 때에는 작업을 중지하여야 한다.

(3) 고소작업대의 작업시작 전 점검 ✖✖✖
① 비상정지장치 및 비상하강방지장치 기능의 이상 유무
② 과부하방지장치의 작동유무(와이어로프 또는 체인구동방식의 경우)
③ 아웃트리거 또는 바퀴의 이상 유무
④ 작업면의 기울기 또는 요철 유무

33. 화물자동차

(1) 화물자동차 작업시작 전 점검 사항 ✖✖✖
① 제동장치 및 조종장치의 기능
② 하역장치 및 유압장치의 기능
③ 바퀴의 이상 유무

34. 컨베이어

(1) 컨베이어의 방호장치 ✖✖✖
① 이탈 등의 방지장치 : 컨베이어 등을 사용하는 때에는 정전·전압강하 등에 의한 화물 또는 운반구의 이탈 및 역주행을 방지하는 장치를 갖추어야 한다. 다만, 무동력상태 또는 수평상태로만 사용하여 근로자가 위험해질 우려가 없는 경우에는 그러하지 아니하다.
② 비상정지장치 : 컨베이어 등에 근로자의 신체의 일부가 말려드는 등 근로자에게 위험을 미칠 우려가 있는 때 및 비상시에는 즉시 컨베이어 등의 운전을 정지시킬 수 있는 장치를 설치하여야 한다. 다만, 무동력상태로만 사용하여 근로자가 위험해질 우려가 없는 경우에는 그러하지 아니하다.
③ 덮개, 울의 설치 : 컨베이어 등으로부터 화물이 떨어져 근로자가 위험해질 우려가 있는 경우에는 해당 컨베이어 등에 덮개 또는 울을 설치하는 등 낙하 방지를 위한 조치를 하여야 한다.

(2) 건널다리의 설치 ✖
운전 중인 컨베이어 등의 위로 근로자를 넘어가도록 하는 때에는 위험을 방지하기 위하여 건널다리를 설치하는 등 필요한 조치를 하여야 한다.

(3) 컨베이어 작업시작 전 점검사항 ✄✄✄
① 원동기 및 풀리기능의 이상 유무
② 이탈 등의 방지장치기능의 이상 유무
③ 비상정지장치 기능의 이상 유무
④ 원동기·회전축·기어 및 풀리 등의 덮개 또는 울 등의 이상 유무

35. 차량계 건설기계

(1) 차량계 건설기계 넘어짐(전도) 등의 방지 ✄✄
① 지반의 부동침하방지
② 갓길의 붕괴방지
③ 유도하는 자 배치
④ 도로의 폭의 유지

(2) 차량계 건설기계 운전위치 이탈 시의 조치 ✄✄
① 포크, 버킷, 디퍼 등의 장치를 가장 낮은 위치 또는 지면에 내려둘 것
② 원동기를 정지시키고 브레이크를 확실히 거는 등 갑작스러운 이동을 방지하기 위한 조치를 할 것
③ 운전석을 이탈하는 경우에는 시동키를 운전대에서 분리시킬 것. 다만, 운전석에 잠금장치를 하는 등 운전자가 아닌 사람이 운전하지 못하도록 조치한 경우에는 그러하지 아니하다.

(3) 수리 등의 작업 시 조치
차량계 건설기계의 수리 또는 부속장치의 장착 및 제거 작업을 하는 때에는 해당 작업을 지휘하는 지휘자를 지정하여 다음 각 호의 사항을 준수하도록 하여야 한다.
① 작업순서를 결정하고 작업을 지휘할 것
② 안전지지대 또는 안전블록 등의 사용상황 등을 점검할 것

36. 항타기, 항발기

(1) 무너짐 방지 조치 ✄
① 연약한 지반에 설치하는 경우에는 아웃트리거·받침 등 지지구조물의 침하를 방지하기 위하여 깔판·받침목 등을 사용할 것

② 시설 또는 가설물 등에 설치하는 때에는 그 내력을 확인하고 내력이 부족한 때에는 그 내력을 보강할 것
③ 아웃트리거·받침 등 지지구조물이 미끄러질 우려가 있는 경우에는 말뚝 또는 쐐기 등을 사용하여 해당 지지구조물을 고정시킬 것
④ 궤도 또는 차로 이동하는 항타기 또는 항발기에 대하여는 불시에 이동하는 것을 방지하기 위하여 레일클램프 및 쐐기 등으로 고정시킬 것
⑤ 상단 부분은 버팀대·버팀줄로 고정하여 안정시키고, 그 하단 부분은 견고한 버팀·말뚝 또는 철골 등으로 고정시킬 것

(2) 권상용 와이어로프의 길이

권상용 와이어로프는 추 또는 해머가 최저의 위치에 있을 때 또는 널말뚝을 빼어내기 시작한 때를 기준으로 하여 **권상장치의 드럼에 적어도 2회 감기고 남을 수 있는 충분한 길이**일 것 ✄

(3) 도르래의 위치

① 항타기나 항발기에 도르래나 도르래 뭉치를 부착하는 경우에는 부착부가 받는 하중에 의하여 파괴될 우려가 없는 브라켓·샤클 및 와이어로프 등으로 견고하게 부착하여야 한다.
② 항타기 또는 항발기의 권상장치의 드럼축과 권상장치로부터 첫번째 도르래의 축과의 거리를 권상장치의 드럼폭의 15배 이상으로 하여야 한다. ✄
③ 도르래는 권상장치의 드럼의 중심을 지나야 하며 축과 수직면상에 있어야 한다. ✄

(4) 항타기, 항발기 조립하는 때 점검 사항 ✄✄

① 본체 연결부의 풀림 또는 손상의 유무
② 권상용 와이어로프·드럼 및 도르래의 부착상태의 이상 유무
③ 권상장치의 브레이크 및 쐐기장치 기능의 이상 유무
④ 권상기의 설치상태의 이상 유무
⑤ 리더(leader)의 버팀 방법 및 고정상태의 이상 유무
⑥ 본체·부속장치 및 부속품의 강도가 적합한지 여부
⑦ 본체·부속장치 및 부속품에 심한 손상·마모·변형 또는 부식이 있는지 여부

37. 양중기의 종류(산업안전보건법 기준) ✰✰✰

① 크레인[호이스트(hoist)를 포함한다]
② 이동식 크레인
③ 리프트(이삿짐운반용 리프트의 경우에는 적재하중이 0.1톤 이상인 것으로 한정한다)
④ 곤돌라
⑤ 승강기

38. 리프트의 종류 및 특징 ✰

건설용 리프트	동력을 사용하여 가이드레일(운반구를 지지하여 상승 및 하강 동작을 안내하는 레일)을 따라 **상하로 움직이는 운반구를 매달아 사람이나 화물을 운반할 수 있는 설비** 또는 이와 유사한 구조 및 성능을 가진 것으로 건설현장에서 사용하는 것을 말한다.
산업용 리프트	동력을 사용하여 가이드레일을 따라 **상하로 움직이는 운반구를 매달아 화물을 운반할 수 있는 설비** 또는 이와 유사한 구조 및 성능을 가진 것으로 **건설현장 외의 장소에서 사용하는 것**을 말한다.
자동차정비용 리프트	동력을 사용하여 가이드레일을 따라 **움직이는 지지대로 자동차 등을 일정한 높이로 올리거나 내리는 구조의 리프트로서 자동차 정비에 사용**하는 것을 말한다.
이삿짐운반용 리프트	연장 및 축소가 가능하고 끝단을 건축물 등에 지지하는 구조의 사다리형 붐에 따라 동력을 사용하여 움직이는 운반구를 매달아 화물을 운반하는 설비로서 화물자동차 등 차량 위에 탑재하여 **이삿짐 운반 등에 사용**하는 것을 말한다.

39. 승강기의 종류 ✰

승객용 엘리베이터	사람의 운송에 적합하게 제조·설치된 엘리베이터
승객화물용 엘리베이터	사람의 운송과 화물 운반을 겸용하는데 적합하게 제조·설치된 엘리베이터
화물용 엘리베이터	화물 운반에 적합하게 제조·설치된 엘리베이터로서 조작자 또는 화물취급자 1명은 탑승할 수 있는 것(적재용량이 300킬로그램 미만인 것은 제외한다)
소형화물용 엘리베이터	음식물이나 서적 등 소형 화물의 운반에 적합하게 제조·설치된 엘리베이터로서 **사람의 탑승이 금지된 것**
에스컬레이터	일정한 경사로 또는 수평로를 따라 위·아래 또는 옆으로 움직이는 디딤판을 통해 사람이나 화물을 승강장으로 운송시키는 설비

40. 양중기의 방호장치 ☆☆☆

크레인	• 과부하방지장치 • 권과방지장치(捲過防止裝置) • 비상정지장치 • 제동장치 〈기타 방호장치〉 • 훅의 해지장치 • 안전밸브(유압식)
이동식 크레인	• 과부하방지장치 • 권과방지장치(捲過防止裝置) • 비상정지장치 • 제동장치 〈기타 방호장치〉 • 훅의 해지장치 • 안전밸브(유압식)
리프트 (자동차정비용 리프트 제외)	• 권과방지장치 • 과부하방지장치 • 비상정지장치 • 제동장치 • 조작반(盤) 잠금장치
곤돌라	• 과부하방지장치 • 권과방지장치(捲過防止裝置) • 비상정지장치 • 제동장치
승강기	• 과부하방지장치 • 권과방지장치(捲過防止裝置) • 비상정지장치 • 제동장치 • 파이널리미트스위치 • 출입문인터록 • 속도조절기(조속기)

- 양중기 공통 방호장치 : 과부하방지장치, 권과방지장치, 비상정지장치, 제동장치
- 추가 설치
  리프트(자동차정비용 제외) : 조작반잠금장치
  승강기 : 파이널리미트스위치, 출입문인터록, 속도조절기(조속기)

41. 타워크레인 작업계획서 포함사항 ✰✰

① 타워크레인의 **종류 및 형식**
② **설치·조립 및 해체순서**
③ 작업도구·장비·**가설설비(假設設備)** 및 **방호설비**
④ 작업인원의 구성 및 작업근로자의 **역할범위**
⑤ 타워크레인 **지지방법**

42. 타워크레인의 악천후 시 조치사항 ✰✰✰

① 순간풍속이 매초당 10미터를 **초과하는 경우**	타워크레인의 설치·수리·점검 또는 해체 작업을 중지
② 순간풍속이 매초당 15미터를 **초과하는 경우**	타워크레인의 운전작업을 중지
③ 순간풍속이 초당 30미터를 **초과하는 바람이 불거나 중진(中震) 이상 진도의 지진이 있은 후**	옥외에 설치되어 있는 양중기를 사용하여 작업을 하는 경우 미리 기계 각 부위에 이상이 있는지를 점검
④ 순간풍속이 초당 30미터를 **초과하는 바람이 불어올 우려가 있는 경우**	옥외에 설치되어 있는 주행 크레인에 대하여 이탈방지장치를 작동시키는 등 **이탈 방지**를 위한 조치
⑤ 순간풍속이 초당 35미터를 **초과하는 바람이 불어올 우려가 있는 경우**	건설용 리프트(지하에 설치되어 있는 것은 제외) 및 승강기에 대하여 받침의 수를 증가시키는 등 승강기가 무너지는 것을 방지하기 위한 조치

43. 승강기, 리프트의 설치·조립·수리·점검 또는 해체작업을 하는 경우

(1) 작업 지휘자의 역할
① 작업을 지휘하는 사람을 선임하여 그 사람의 지휘하에 작업을 실시할 것

> **작업 지휘자의 이행사항** ✖
>
> ① 작업방법과 근로자의 배치를 결정하고 해당 작업을 지휘하는 일
> ② 재료의 결함 유무 또는 기구 및 공구의 기능을 점검하고 불량품을 제거하는 일
> ③ 작업 중 안전대 등 보호구의 착용 상황을 감시하는 일

② 작업을 할 구역에 관계 근로자가 아닌 사람의 출입을 금지하고 그 취지를 보기 쉬운 장소에 표시할 것
③ 비, 눈, 그 밖에 기상상태의 불안정으로 날씨가 몹시 나쁜 경우에는 그 작업을 중지시킬 것

(2) 작업시작 전 점검사항 ✖✖✖

크레인	• 권과방지장치·브레이크·클러치 및 운전장치의 기능 • 주행로의 상측 및 트롤리가 횡행(橫行)하는 레일의 상태 • 와이어로프가 통하고 있는 곳의 상태
이동식 크레인	• 권과방지장치 그 밖의 경보장치의 기능 • 브레이크·클러치 및 조정장치의 기능 • 와이어로프가 통하고 있는 곳 및 작업장소의 지반상태
리프트	• 방호장치·브레이크 및 클러치의 기능 • 와이어로프가 통하고 있는 곳의 상태
곤돌라	• 방호장치·브레이크의 기능 • 와이어로프·슬링와이어 등의 상태

44. 와이어로프 등의 안전계수 ✖✖✖

(1) 안전계수 ✖
달기구 절단하중의 값을 그 달기구에 걸리는 하중의 최대값으로 나눈 값
① 근로자가 탑승하는 운반구를 지지하는 달기와이어로프 또는 달기체인의 경우 : 10 이상
② 화물의 하중을 직접 지지하는 달기와이어로프 또는 달기체인의 경우 : 5 이상
③ 훅, 샤클, 클램프, 리프팅 빔의 경우 : 3 이상
④ 그 밖의 경우 : 4 이상

(2) 와이어로프 등의 사용금지 사항 ✖✖
① 이음매가 있는 것
② 와이어로프의 한 꼬임(스트랜드 : strand)에서 끊어진 소선의 수가 10퍼센트 이상(비자전로프의 경우에는 끊어진 소선의 수가 와이어로프 호칭지름의 6배 길이 이내에서 4개 이상이거나 호칭지름 30배 길이 이내에서 8개 이상)인 것
③ 지름의 감소가 공칭지름의 7퍼센트를 초과하는 것
④ 꼬인 것
⑤ 심하게 변형되거나 부식된 것
⑥ 열과 전기충격에 의해 손상된 것

(3) 달기체인의 사용금지 사항 ✖✖
① 달기 체인의 길이가 달기 체인이 제조된 때의 길이의 5퍼센트를 초과한 것
② 링의 단면지름이 달기 체인이 제조된 때의 해당 링의 지름의 10퍼센트를 초과하여 감소한 것
③ 균열이 있거나 심하게 변형된 것

(4) 섬유로프 등의 사용금지 사항

달비계에 사용하는 섬유로프 또는 안전대의 섬유벨트 등의 사용금지 사항	화물 취급작업에 사용하는 섬유로프의 사용금지 사항
① 꼬임이 끊어진 것 ② 심하게 손상 또는 부식된 것 ③ 2개 이상의 작업용 섬유로프 또는 섬유벨트를 연결한 것 ④ 작업높이보다 길이가 짧은 것	① 꼬임이 끊어진 것 ② 심하게 손상 또는 부식된 것

와이어로프의 안전율 계산	$$S = \frac{N \times P}{Q}$$ 여기서, S : 안전율 N : 로프 가닥수 P : 로프의 파단강도(kg/mm^2) Q : 허용응력(kg/mm^2)

와이어로프에
걸리는
총 하중 계산
	총 하중(w) = 정하중(w_1)+동하중(w_2) = $w_1 + (\frac{w_1}{g} \times a)$
	(동하중 = $\frac{w_1}{g} \times a$)
	여기서, w : 총 하중(kg_f) w_1 : 정하중(kg_f)
	         w_2 : 동하중($kg f$) g : 중력 가속도($9.8m/s^2$)
	         a : 가속도(m/s^2)
	* 정하중 : 매단 물체의 무게

와이어로프 한 가닥에 걸리는 하중 계산	한 가닥에 걸리는 하중(kg_f) = $\frac{w}{2} \div \cos\frac{\theta}{2}$ w : 매단물체의 무게(kg_f) θ : 매단 각도 (°)
와이어로프의 구조	심강, 로프, 꼬임(가닥, 자승, 스트랜드), 소선
와이어로프의 표시	"6 × 19" 여기서 6 : 꼬임(가닥, 자승, 스트랜드)의 수, 19 : 소선의 수량

PART 04 전기설비 안전 관리

제1장 전기안전관리 업무수행

1. 전기의 위험성

(1) 감전보호를 위한 방법 ✦

구분	기본 보호	고장보호	특별 저압보호
정의	정상운전 중인 전기설비의 충전부에 접촉하는 경우의 감전을 보호하는 방법	전기설비 누전 등 고장이 발생한 기기에 접촉하는 경우의 감전을 보호하는 방법	인체에 위험을 초래하지 않을 정도의 전압(저압)으로 보호하는 방법
보호 방법	• 충전부 절연 • 격벽 또는 외함 • 접촉범위 밖 배치	• 이중절연 또는 강화절연 • 보호 등전위 본딩 • 전원자동차단 • 전기적 분리 • 비도전성 장소	• 비접지회로 적용(SELV) • 접지회로 적용(PELV) • 기능적 특별저압 사용 시 적용(FELV)

(2) 통전전류세기와 인체의 영향 ✦✦

종류	내용	비고
최소감지 전류	짜릿함을 느끼는 최소의 전류 치	1~2mA (성인남자, 상용 주파수 60Hz 기준)
고통감지 전류	참을 수 있으나 고통을 느끼는 전류 치	2~8mA
이탈가능 전류 (가수전류)	전원으로부터 스스로 떨어질 수 있는 최대전류 치	8~15mA
이탈불능 전류 (불수전류, 교착전류)	근육수축이 격렬하여 전원으로부터 떨어질 수 없는 전류 치	15~50mA
심실세동 전류	심장박동 불규칙으로 심장마비를 일으켜 수분 내 사망할 수 있는 전류 치 (충전부에서 분리시켜도 자연회복이 불가능하여 인공호흡을 실시해야 소생이 가능하다)	100mA 이상

2. 전기설비 및 기기

(1) 퓨즈 : 일정 값 이상의 전류가 흐르면 용단되어 회로 및 기기를 보호한다.

[퓨즈종류 및 용단시간 ★]

퓨즈의 종류	정격 용량	용단 시간
고압용 포장 퓨즈	정격 전류의 1.3배	2배의 전류로 120분
고압용 비포장 퓨즈	정격 전류의 1.25배	2배의 전류로 2분

(2) 단로기

단로기(DS) ★	차단기의 전후, 회로의 접속 변환, 고압 또는 특고압 회로의 기기 분리 등에 사용하는 개폐기로서 **반드시 무부하 시 개폐 조작을 하여야 한다.** • 전원 차단 시 : **차단기 개방한 후 단로기 개방** • 전원 투입 시 : **단로기 투입한 후 차단기 투입** 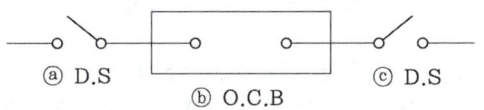 ⓐ D.S ⓑ O.C.B ⓒ D.S • 투입순서 : ⓒ → ⓐ → ⓑ • 차단순서 : ⓑ → ⓒ → ⓐ (D.S : 단로기, O.C.B : 유입차단기) **[유입차단기 투입 및 차단순서 ★]**

(3) 차단기(circuit breaker) ★

공기 차단기(ABB)[airblast breaker]	압축공기로 아크를 소호하는 차단기로서 대규모 설비에 이용된다.
기중 차단기(ACB)[air circuit breaker]	공기 중에서 아크를 자연 소호하는 차단기
진공 차단기(VCB) [vacuum circuit breaker]	진공 속에서의 높은 절연효과를 이용하여 아크를 소호하는 차단기
자기 차단기(MCB) [magnetic circuit breaker]	전자력을 이용하여 아크를 소호실로 끌어넣어 차단하는 차단기
유입 차단기(OCB, LOCB) [oil circuit breaker]	절연유 속에서 과전류를 차단하는 차단기
가스 차단기(GCB)[gas circuit breaker]	생가스(SF_6)의 절연성능을 이용한 차단기

3. 전기기계·기구 등의 충전부방호(직접접촉으로 인한 감전방지 조치) ✂✂

① 충전부가 노출되지 아니하도록 **폐쇄형 외함이 있는 구조로 할 것**
② 충분한 절연효과가 있는 **방호망 또는 절연덮개를 설치할 것**
③ 충전부는 내구성이 있는 **절연물로 완전히 덮어 감쌀 것**
④ 발전소·변전소 및 개폐소 등 구획되어 있는 장소로서 **관계 근로자가 아닌 사람의 출입이 금지되는 장소에 충전부를 설치**하고, 위험표시 등의 방법으로 방호를 강화할 것
⑤ **전주 위 및 철탑 위 등 격리되어 있는 장소로서 관계 근로자가 아닌 사람이 접근할 우려가 없는 장소에 충전부를 설치할 것**

(1) 전기기계·기구의 설치 시 고려사항(전기 기계·기구의 적정설치)
① 전기기계·기구의 **충분한 전기적 용량 및 기계적 강도**
② 습기·분진 등 **사용장소의 주위 환경**
③ 전기적·기계적 **방호수단의 적정성**

(2) 전기기계·기구의 조작 시 안전조치
① 전기기계·기구의 조작부분을 점검하거나 보수하는 경우에는 근로자가 안전하게 작업할 수 있도록 전기 기계·기구로부터 **폭 70센티미터 이상의 작업공간을 확보**하여야 한다. 다만, 작업공간을 확보하는 것이 곤란하여 근로자에게 절연용 보호구를 착용하도록 한 경우에는 그러하지 아니하다.
② 전기적 불꽃 또는 아크에 의한 화상의 우려가 있는 **고압 이상의 충전전로 작업**에 근로자를 종사시키는 경우에는 **방염처리된 작업복 또는 난연(難燃)성능을 가진 작업복을 착용**시켜야 한다.

4. 정전작업 전 조치사항(정전작업시 전로 차단 절차) ✂✂✂

① 전기기기 등에 공급되는 모든 전원을 관련 도면, 배선도 등으로 확인할 것
② 전원을 차단한 후 각 단로기 등을 개방하고 확인할 것
③ 차단장치나 단로기 등에 잠금장치 및 꼬리표를 부착할 것
④ 개로된 전로에서 유도전압 또는 전기에너지가 축적되어 근로자에게 전기위험을 끼칠 수 있는 전기기기 등은 접촉하기 전에 잔류전하를 완전히 방전시킬 것
⑤ 검전기를 이용하여 작업 대상 기기가 충전되었는지를 확인할 것

⑥ 전기기기 등이 다른 노출 충전부와의 접촉, 유도 또는 예비동력원의 역송전 등으로 전압이 발생할 우려가 있는 경우에는 충분한 용량을 가진 단락 접지기구를 이용하여 접지할 것

5. 정전 작업 중 또는 작업을 마친 후 준수사항 ✄✄

① 작업기구, 단락 접지기구 등을 제거하고 전기기기 등이 안전하게 통전될 수 있는지를 확인할 것
② 모든 작업자가 작업이 완료된 전기기기 등에서 떨어져 있는지를 확인할 것
③ 잠금장치와 꼬리표는 설치한 근로자가 직접 철거할 것
④ 모든 이상 유무를 확인한 후 전기기기 등의 전원을 투입할 것

6. 충전전로에서의 전기작업(활선작업) ✄✄

(1) 충전전로에서의 전기작업(활선작업)시의 조치
① **충전전로를 정전시키는 경우** : 정전작업시 전로차단 절차에 따른 조치를 할 것
② **충전전로를 방호하는 경우** : 근로자의 신체가 전로와 직·간접 접촉되지 않도록 할 것
③ 절연용 보호구를 착용
④ 절연용 방호구를 설치
⑤ **고압 및 특별고압** : 활선작업용 기구 및 장치를 사용
⑥ **절연용 방호구의 설치·해체작업** : 절연용 보호구 착용, 활선작업용 기구 및 장치를 사용
⑦ 유자격자가 아닌 근로자의 접근한계거리
 ㉠ 대지전압이 50킬로볼트 이하인 경우 : 근로자의 몸 또는 긴 도전성 물체가 충전전로에서 300센티미터 이내로 접근금지
 ㉡ 대지전압이 50킬로볼트를 넘는 경우 : 10킬로볼트당 10센티미터씩 더한 거리 이상 이격
⑧ 유자격자 : 접근한계거리 이내로 접근하거나 절연 손잡이가 없는 도전체에 접근할 수 없도록 할 것
⑨ 울타리를 설치
⑩ 울타리 설치가 곤란한 경우 감시인 배치

[접근한계거리]

충전전로의 선간전압 (단위 : 킬로볼트)	충전전로에 대한 접근 한계거리 (단위 : 센티미터)	충전전로의 선간전압 (단위 : 킬로볼트)	충전전로에 대한 접근 한계거리 (단위 : 센티미터)
0.3 이하	접촉금지	121 초과 145 이하	150
0.3 초과 0.75 이하	30	145 초과 169 이하	170
0.75 초과 2 이하	45	169 초과 242 이하	230
2 초과 15 이하	60	242 초과 362 이하	380
15 초과 37 이하	90	362 초과 550 이하	550
37 초과 88 이하	110	550 초과 800 이하	790
88 초과 121 이하	130	−	−

선간전압 : 03, 075 / 2, 15 / 37, 88 / 121, 145, 169 / 242, 362 / 550, 800
접근한계거리 : 3, 45, 6 / 9, 11, 13, 15, 17 / 23, 38, 55, 79

7. 충전전로 인근에서의 차량·기계장치 작업시의 안전조치

① 차량등을 충전부로부터 300센티미터 이상 이격시키되, 대지전압이 50킬로볼트를 넘는 경우 10킬로볼트 증가할 때마다 10센티미터씩 증가
② 절연용 방호구를 설치한 경우 : 이격거리를 절연용 방호구 앞면까지, 차량의 버킷이나 끝부분이 절연되어 있고 유자격자가 작업하는 경우 이격거리는 접근한계거리 까지
③ 울타리를 설치, 감시인 배치 등의 조치(절연용 보호구 착용 또는 차량의 절연되지 않은 부분이 접근한계거리 이내로 접근하지 않은 경우 제외)
④ 접지된 차량이 충전전로와 접촉할 우려가 있을 경우 : 근로자가 접지점에 접촉하지 않도록 조치

8. 절연용 보호구 등을 사용하여야 하는 작업

① 밀폐공간에서의 전기작업
② 이동 및 휴대장비 등을 사용하는 전기작업
③ 정전 전로 또는 그 인근에서의 전기작업
④ 충전전로에서의 전기작업
⑤ 충전전로 인근에서의 차량·기계장치 등의 작업

제2장 감전재해 및 방지대책

1. 감전재해 예방 및 대책

(1) 전압, 전류, 저항의 관계 ✰✰

옴의 법칙	$V = I \times R$ 여기서, V : 전압, 단위(V : 볼트)　I : 전류, 단위(A : 암페어) R : 저항, 단위(Ω : 옴)
줄의 법칙	$Q = I^2 \times R \times T$ 여기서, Q : 전기발생열(에너지)(J)　I : 전류(A) R : 전기저항(Ω)　T : 통전시간(S)
위험한계 에너지	인체의 전기 저항이 최악의 상태인 500Ω일 때 $Q = I^2 \times R \times T$ $Q = I^2 \times R \times T = \left(\dfrac{165 \sim 185}{\sqrt{1}} \times 10^{-3}\right)^2 \times 500 \times 1 = 13.61 \sim 17.11 \text{(J)}$ * $13.61 \text{J} \times 0.24 = 3.2664 \text{Cal}$
심실세동 전류의 계산	① $I(\text{mA}) = \dfrac{165}{\sqrt{T}}$　　② $I(\text{A}) = \dfrac{V}{R}$ T : 통전시간(초)
전하량의 계산	$Q = I \times T$ 여기서, Q : 전하량(C)　I : 전류(A)　T : 시간(초)

(2) 허용 접촉전압 ✰✰

종별	접촉 상태	허용 접촉 전압
제1종	인체의 대부분이 수중에 있는 상태	2.5V 이하
제2종	• 인체가 현저히 젖어 있는 상태 • 금속성의 전기·기계 장치나 구조물에 인체의 일부가 상시 접촉되어 있는 상태	25V 이하
제3종	제1종, 제2종 이외의 경우로서 통상의 인체 상태 있어서 접촉 전압이 가해지면 위험성이 높은 상태	50V 이하
제4종	• 제1종, 제2종 이외의 경우로서 통상의 인체 상태에 접촉 전압이 가해지더라도 위험성이 낮은 상태 • 접촉 전압이 가해질 우려가 없는 경우	제한 없음

2. 감전재해의 요인

(1) 1차적 감전위험요소 및 영향력 ✮✮
통전전류크기 > 통전시간 > 통전경로 > 전원의 종류(직류보다 교류가 더 위험)

(2) 2차 감전 위험 요소 ✮
① 인체조건(저항)
② 전압
③ 계절

(3) 통전 경로별 위험도 ✮

통전 경로	위험도	통전 경로	위험도
왼손-가슴	1.5	왼손-등	0.7
오른손-가슴	1.3	한손 또는 양손-앉아있는 자리	0.7
왼손-한발 또는 양발	1.0	왼손-오른손	0.4
양손-양발	1.0	오른손-등	0.3
오른손-한발 또는 양발	0.8	-	-

> 실력이 된다! 합격이 된다! 특급 암기법

왼가 오가 / 왼발 손발 오발 / 왼등 손자리 / 손손 오등 (5, 3, 땡, 땡, 8, 7, 7, 4, 3)

(4) 전압의 구분 ✮✮✮

전압의 종별	교류	직류
저압	1,000V 이하의 것	1,500V 이하의 것
고압	1,000V 초과 7,000V 이하	1,500V 초과 7,000V 이하
특별고압	7,000V 초과	7,000V 초과

(5) 이격거리

기구 등의 구분	이격거리
고압용의 것	1m 이상
특고압용의 것	2m 이상(사용전압이 35kV 이하의 특고압용의 기구 등으로서 동작할 때에 생기는 아크의 방향과 길이를 화재가 발생할 우려가 없도록 제한하는 경우에는 1m 이상)

3. 누전차단기 감전예방

(1) 누전차단기를 설치해야 하는 기계·기구 ✮✮
① 대지전압이 150볼트를 초과하는 이동형 또는 휴대형 전기기계·기구
② 물 등 도전성이 높은 액체가 있는 습윤 장소에서 사용하는 저압(1.5천 볼트 이하 직류전압이나 1천 볼트 이하의 교류전압)용 전기기계·기구
③ 철판·철골 위 등 도전성이 높은 장소에서 사용하는 이동형 또는 휴대형 전기기계·기구
④ 임시배선의 전로가 설치되는 장소에서 사용하는 이동형 또는 휴대형 전기기계·기구

(2) 누전차단기를 설치하지 않아도 되는 경우 ✮✮
① 이중절연구조 또는 이와 같은 수준 이상으로 보호되는 전기기계·기구
② 절연대 위 등과 같이 감전위험이 없는 장소에서 사용하는 전기기계·기구
③ 비접지방식의 전로

(3) 누전차단기 접속할 때 준수사항 ✮✮
① 전기기계·기구에 설치되어 있는 누전차단기는 정격감도전류가 30밀리암페어 이하이고 작동시간은 0.03초 이내일 것. 다만, 정격전부하전류가 50암페어 이상인 전기기계·기구에 접속되는 누전차단기는 오작동을 방지하기 위하여 정격감도전류는 200밀리암페어 이하로, 작동시간은 0.1초 이내로 할 수 있다.
② 분기회로 또는 전기기계·기구마다 누전차단기를 접속할 것. 다만, 평상시 누설전류가 매우 적은 소용량 부하의 전로에는 분기회로에 일괄하여 접속할 수 있다.
③ 누전차단기는 배전반 또는 분전반 내에 접속하거나 꽂음접속기형 누전차단기를 콘센트에 접속하는 등 파손이나 감전사고를 방지할 수 있는 장소에 접속할 것
④ 지락보호전용 기능만 있는 누전차단기는 과전류를 차단하는 퓨즈나 차단기 등과 조합하여 접속할 것

(4) 누전차단기의 사용기준
① 당해 부하에 적합한 정격전류를 갖출 것
② 당해 부하에 적합한 차단용량을 갖출 것

③ 정격 부동작 전류가 정격감도전류의 50% 이상이어야 하고 이들의 전류 치가 가능한 한 작을 것
④ 절연저항이 5MΩ 이상일 것
⑤ 누전차단기의 정격전압은 당해 누전차단기를 설치할 전로의 공칭 전압의 90~110% 이내이어야 한다.

(5) 누전전류(누설전류)의 크기 ✮

보통 최대공급전류의 $\frac{1}{2000}$ (A)이 누설되고 있다고 본다.

(누설전류 = 최대공급전류 × $\frac{1}{2000}$)

(6) 발화에 이르는 누전 전류의 최소치 ✮

누설되는 전류의 크기가 300~500mA일 때 누설전류에 의해 발화가 일어날 수 있다.

4. 아크 용접장치

(1) 교류아크 용접기의 방호장치 : 자동전격방지기 ✮✮✮

교류아크용접기에 자동전격방지기를 설치하여야 하는 장소 ✮
1. 선박의 이중 선체 내부, 밸러스트(Ballast) 탱크, 보일러 내부 등 도전체에 둘러싸인 장소
2. 추락할 위험이 있는 높이 2미터 이상의 장소로 철골 등 도전성이 높은 물체에 근로자가 접촉할 우려가 있는 장소
3. 근로자가 물·땀 등으로 인하여 도전성이 높은 습윤 상태에서 작업하는 장소

(2) 자동전격방지기의 성능 ✮✮

용접을 중단하고 1.0초 내에 용접기의 홀더, 어스선에 흐르는 무부하 전압을 안전전압 25V 이하로 내려준다.

교류아크용접기의 허용사용률 계산 ✮
허용사용률 = $\frac{정격\ 2차전류^2}{실제사용\ 용접전류^2}$ × 정격사용률

제3장 전기설비 위험요인 관리

1. 전기화재의 원인

전기화재 발생 원인의 3요건		
① 발화원	② 착화물	③ 출화의 경과

(1) 전기화재의 원인
① 단락에 의한 발화(쇼트)
② 누전에 의한 발화
③ 과전류에 의한 발화

절연전선의 과대전류 ✖

- **인화(완화)단계** : $40 \sim 43 A/mm^2$
- **착화단계** : $43 \sim 60 A/mm^2$
- **발화단계** : $60 \sim 120 A/mm^2$
- **순간용단** : $120 A/mm^2$ 이상

절연물의 종류와 최고허용온도 ✖

- **Y종 절연** : 90℃
- **B종 절연** : 130℃
- **C종 절연** : 180℃ 초과
- **A종 절연** : 105℃
- **F종 절연** : 155℃
- **E종 절연** : 120℃
- **H종 절연** : 180℃

④ 스파크에 의한 발화
⑤ 접촉부의 과열에 의한 발화
⑥ 절연열화 또는 탄화에 의한 발화

[전로의 절연저항 ✖✖]

전로의 사용전압(V)	DC 시험전압(V)	절연저항($M\Omega$)
SELV(비접지회로) 및 PELV(접지회로)	250	0.5
FELV(1차와 2차가 전기적으로 절연되지 않은 회로), 500(V) 이하	500	1.0
500(V) 초과	1,000	1.0

- 특별저압(extra low voltage : 2차 전압이 AC 50V, DC 120V 이하)으로 SELV(비접지회로 구성) 및 PELV(접지회로 구성)은 1차와 2차가 전기적으로 절연된 회로, FELV는 1차와 2차가 전기적으로 절연되지 않은 회로

2. 접지공사

(1) 접지시스템의 구분 및 종류

1) 접지시스템은 계통접지, 보호접지, 피뢰시스템 접지 등으로 구분한다. ☆☆

계통접지 (System Earthing) ☆☆	전력계통에서 돌발적으로 발생하는 이상현상에 대비하여 대지와 계통을 연결하는 것으로, 중성점을 대지에 접속하는 것을 말한다. • TN방식(TN-S, TN-C, TN-C-S방식) • TT방식 • IT방식
보호접지 (Protective Earthing)	고장 시 감전에 대한 보호를 목적으로 기기의 한 점 또는 여러 점을 접지하는 것을 말한다.
피뢰시스템 접지	뇌격전류를 안전하게 대지로 방류하기 위한 접지를 말한다.

2) 접지시스템의 시설 종류에는 **단독접지, 공통접지, 통합접지**가 있다.

단독접지	고압, 특고압계통의 접지극과 저압계통의 접지극을 독립적으로 설치하는 것을 말한다.
공통접지	등전위가 형성되도록 고압, 특고압계통과 저압접지계통을 공통으로 접지하는 것을 말한다.
통합접지	전기설비 접지계통, 피뢰설비 및 전기통신설비 등의 접지극을 통합하여 접지시스템을 구성하는 것, 설비 사이의 전위차를 해소하여 등전위를 형성하는 접지방식을 말한다.

(2) 접지시스템의 구성요소

1) 접지시스템은 **접지극, 접지도체, 보호도체** 및 기타 설비로 구성된다. ☆

① 접지극 : 금속체와 대지를 접속하는 단자를 말한다.
② 접지도체 : 계통, 설비 또는 기기의 한 점과 접지극 사이의 도전성 경로 또는 그 경로의 일부가 되는 도체를 말한다.
③ 보호도체(PE, Protective Conductor) : 감전에 대한 보호 등 안전을 위해 제공되는 도체를 말한다.

(3) 접지도체, 보호도체 및 보호본딩도체의 최소단면적 ✖✖

① 특고압·고압 전기설비용 접지도체는 단면적 6mm² 이상의 연동선
② 중성점 접지용 접지도체는 공칭단면적 16mm² 이상의 연동선(다만, 다음의 경우에는 공칭단면적 6mm² 이상의 연동선)
  • 7kV 이하의 전로
  • 사용전압이 25kV 이하인 특고압 가공전선로
③ 이동하여 사용하는 전기기계기구의 금속제 외함 등의 접지시스템
  • 특고압·고압 전기설비용 접지도체 및 중성점 접지용 접지도체 : 단면적이 10mm² 이상인 것
  • 저압 전기설비용 접지도체 : 단면적이 0.75mm² 이상인 것(다만, 기타 유연성이 있는 연동연선은 1개 도체의 단면적이 1.5mm² 이상인 것)

(4) 변압기의 중성점 접지 저항 값 ✖✖

① 일반적인 경우 : $\dfrac{150}{1선지락전류}$ Ω 이하

② 변압기의 고압·특고압측 전로 또는 사용전압이 35kV 이하의 특고압전로가 저압측 전로와 혼촉하고 저압전로의 대지전압이 150V를 초과하는 경우
  • 1초 초과 2초 이내에 고압·특고압 전로를 자동으로 차단하는 장치를 설치할 때 : $\dfrac{300}{1선지락전류}$ Ω 이하
  • 1초 이내에 고압·특고압 전로를 자동으로 차단하는 장치를 설치할 때 : $\dfrac{600}{1선지락전류}$ Ω 이하

(5) 중성점 접지

① 비접지방식 : 중성점을 접지하지 않는 방식
② 접지방식 : 중성점을 접지하는 방식

직접접지방식 ✖	• 변압기의 중성점을 직접 도체로 접지시키는 방식 • 이상전압 발생이 적다.
저항접지방식	• 중성점에 저항기를 삽입하여 접지하는 방식 • 저항값의 대소에 따라 저 저항접지 방식과 고 저항접지 방식으로 나누어진다.
소호리액터 접지방식 ✖	• 변압기의 중성점을 대지정전 용량과 공진하는 리액턴스를 갖는 리액터를 통해서 접지시키는 방식 • 지락고장이 발생해도 무정전으로 송전을 계속할 수 있다. • 지락전류가 거의 영에 가까워서 안정도가 높다.
리액터접지방식	접지용의 리액터 또는 변압기를 통하여 접지하는 방식

(6) 접지저항 저감대책 ✈

① 접지극의 병렬 매설
② 접지봉의 심타 매설
③ 접지극의 규격을 크게
④ 토질 개량
⑤ 보조 메쉬(Mesh), 보조 전극 공법
⑥ 접지저항 저감제 사용(약품 사용)

(7) 접지를 시행하지 않아도 되는 경우(산업안전보건법 기준) ✈✈

① **이중절연구조** 또는 이와 동등 이상으로 보호되는 전기기계·기구
② **절연대 위** 등과 같이 감전 위험이 없는 장소에서 사용하는 전기기계·기구
③ **비접지방식의 전로**(그 전기기계·기구의 전원측의 전로에 설치한 절연변압기의 2차 전압이 300볼트 이하, 정격용량이 3킬로볼트암페어 이하이고 그 절연전압기의 부하측의 전로가 접지되어 있지 아니한 것으로 한정한다)에 **접속하여 사용되는 전기기계·기구**

3. 피뢰설비

(1) 피뢰시스템의 구성

1) 외부피뢰시스템

① **수뢰부시스템** : 뇌격전류를 받아들이기 위한 부분으로 돌침, 수평도체, 메시도체의 요소 중에 한 가지 또는 이를 조합한 형식으로 시설하여야 한다.
② **인하도선시스템** : 수뢰부시스템과 접지시스템을 전기적으로 연결하여 수뢰부로부터 접지부로 뇌격전류를 흘리기 위한 부분이다.
③ **접지극 시스템** : 뇌전류를 대지로 방류시키기 위한 것으로 접지극은 지표면에서 0.75m 이상 깊이로 매설하여야 한다.

2) 내부피뢰시스템

(2) 피뢰기의 설치 장소 ✈

① 발전소·변전소 또는 이에 준하는 장소의 가공전선 인입구 및 인출구
② 가공전선로에 접속하는 배전용 변압기의 고압측 및 특고압측
③ 고압 및 특고압 가공전선로로부터 공급을 받는 수용장소의 인입구
④ 가공전선로와 지중전선로가 접속되는 곳

(3) 피뢰기의 구성 : 피뢰기는 **직렬 갭과 특성요소로 구성**된다.

(4) 피뢰기가 구비해야 할 성능 ✈

① 반복 동작이 가능할 것
② 구조가 견고하며 특성이 변하지 않을 것
③ 점검, 보수가 간단할 것
④ 충격 방전 개시 전압과 제한 전압이 낮을 것
⑤ 뇌전류의 방전 능력이 크고, 속류의 차단이 확실하게 될 것

(5) 피뢰기의 접지 ✈✈

① 접지도체에 피뢰시스템이 접속되는 경우, 접지도체의 단면적은 구리 $16mm^2$ 또는 철 $50mm^2$ 이상으로 하여야 한다.
② 고압 및 특고압의 전로에 시설하는 피뢰기 접지저항 값은 10Ω 이하로 하여야 한다.

(6) 피뢰기의 보호 여유도 ✈

$$여유도(\%) = \frac{충격절연강도 - 제한전압}{제한전압} \times 100$$

(7) 피뢰기의 점검 : 연 1회 이상

① 접지 저항 측정
② 지상의 각 접속부 검사
③ 지상의 단선, 용융, 기타 손상 유무 검사

(8) 피뢰침의 구성요소

① 돌출부(돌침)
② 피뢰도선
③ 접지극

4. 누전경보기의 수신기를 설치할 수 없는 장소 ✈

① 가연성의 증기, 먼지, 가스 등이나 부식성의 증기, 가스 등이 다량으로 체류하는 장소
② 화약류를 제조하거나 저장 또는 취급하는 장소
③ 습도가 높은 장소
④ 온도의 변화가 급격한 장소
⑤ 대 전류 회로, 고주파 발생회로 등에 의한 영향을 받을 우려가 있는 장소

5. 화재대책

(1) 화재의 구분 ✩✩✩

구분 등급	화재의 구분	표시 색	소화기의 종류
A급	일반 가연물화재 (종이, 섬유, 목재 등)	백색	물소화기, 산·알칼리소화기, 강화액소화기
B급	유류화재	황색	분말소화기, 포소화기, 이산화탄소(탄산가스, CO_2) 소화기
C급	전기화재 (발전기, 변압기 등)	청색	분말소화기, 이산화탄소(탄산가스) 소화기, 할로겐 화합물 소화기
D급	금속화재(금속분 등)	무색, 표시없음	팽창질석, 팽창진주암, 건조사

제4장 정전기의 장·재해 관리

1. 정전기의 발생 및 영향

(1) 정전기 발생현상 ✩✩

① 마찰대전 : 두 물체 사이의 마찰로 인한 접촉, 분리에서 발생한다. 예 롤러기
② 유동대전 : 액체류가 파이프 등 내부에서 유동 시 관벽과 액체 사이에서 발생한다. 가솔린, 벤젠 등의 유속을 1m/sec 이하로 하여야 한다.
③ 박리대전 : 밀착된 물체가 떨어지면서 자유전자의 이동으로 발생한다. 이 경우는 마찰대전보다 더 큰 에너지가 발생한다.
④ 충돌대전 : 입자와 다른 고체와의 충돌과 급속한 분리에 의해 발생한다.
⑤ 분출대전 : 기체, 액체, 분체류가 단면적이 작은 분출구를 통과할 때 발생한다.
⑥ 파괴대전 : 고체, 분체류와 같은 물체가 파괴됐을 때 전하분리 또는 전하의 균형이 깨지면서 정전기가 발생한다.
⑦ 비말대전 : 공간에 분출한 액체류가 가늘게 비산해서 분리되는 과정에서 정전기가 발생한다.

(2) 정전기 발생에 영향을 주는 요인 ✈

물체의 특성	대전서열에서 멀리 있는 물체들끼리 마찰할수록 발생량이 많다.
물체의 표면 상태	표면이 거칠수록, 표면이 수분·기름 등에 오염될수록 발생량이 많다.
물체의 이력	처음 접촉, 분리할 때 정전기 발생량이 최고이고, 반복될수록 발생량은 줄어든다.
접촉면적 및 압력	접촉면적이 넓을수록, 접촉압력이 클수록 발생량이 많다.
분리 속도	분리속도가 빠를수록 발생량이 많다.

(3) 정전기 방전형태 ✈
① 코로나 방전 : 코로나 방전 결과 공기 중 오존(O_3)이 생성된다. ✈
② 브러쉬 방전(스트리머 방전)
③ 불꽃 방전
④ 연면 방전

(4) 최소 착화 에너지(정전에너지)의 계산 ✈✈

$$E = \frac{1}{2}CV^2$$

여기서, E : 정전기 에너지(J), C : 도체의 정전 용량(F)
         V : 대전 전위(V) Q : 대전 전하량(C)

2. 정전기 재해 방지대책

(1) 인체에 대전된 정전기 위험 방지조치 ✈✈
① 정전기용 안전화의 착용
② 제전복(除電服)의 착용
③ 정전기 제전용구의 사용
④ 작업장 바닥 등에 도전성을 갖추도록 하는 등의 조치

(2) 제전기의 제전효과에 영향을 미치는 요인 ✈
① 제전기의 이온 생성능력   ② 제전기 설치위치 및 설치각도
③ 대전물체의 대전전위 및 대전분포   ④ 제전기의 설치 거리

(3) 정전기 재해 예방대책 ✭✭

① **접지**(도체일 경우 효과 있으나 **부도체는 효과 없다**)
② **습기부여**(공기중 습도 60~70% 이상 유지한다)
③ **도전성 재료 사용**(절연성 재료는 절대 금한다)
④ 대전 방지제 사용
  ㉠ 외부용 일시성 대전방지제 : 음이온계
  ㉡ 양이온계
  ㉢ 비이온계
⑤ 제전기 사용
⑥ 유속 조절(석유류 제품 1m/s 이하)

제5장. 전기방폭 관리

1. 방폭구조의 종류 ✭✭✭

(1) 내압 방폭구조(d)
① 전기기기의 외함 내부에서 가연성가스의 폭발이 발생할 경우 그 **외함이 폭발압력에 견디고, 접합면, 개구부 등을 통해 외부의 가연성가스에 인화되지 아니하도록 한 방폭구조**
② 폭발한 고열 가스가 용기의 틈을 통하여 누설되더라도 **틈의 냉각효과**로 인하여 폭발의 위험이 없도록 한다.

(2) 압력 방폭구조(P) : 외함 내부의 보호가스 압력을 외부 대기 압력보다 높게 유지함으로써 **외부 대기가 외함 내부로 유입되지 아니하도록** 한 방폭구조

(3) 유입 방폭구조(o) : 전기기기 전체 또는 전기기기의 일부를 보호액체에 잠기게 함으로써 보호액체의 상부 또는 외함 외부에 존재하는 폭발성가스분위기에 점화가 일어나지 아니하도록 한 방폭구조

(4) 안전증 방폭구조(e) : 정상작동상태 중 또는 특정한 비정상상태에서 가연성가스의 점화원이 될 수 있는 전기 불꽃 아크 또는 고온부분의 발생을 방지하기 위하여 안전도를 증가시킨 방폭구조

(5) **본질안전 방폭구조(ia, ib)** : 폭발성분위기에 노출되는 기기 및 연결 배선 내의 에너지를 스파크 또는 가열효과에 의하여 점화를 유발할 수 있는 수준 이하로 제한하는 방폭구조
(6) **비점화 방폭구조(n)** : 정상작동 및 특정 이상상태에서 주위의 폭발성분위기를 점화시키지 아니하는 전기 기계 및 기구에 적용하는 방폭구조, 2종장소에만 사용할 수 있다.
(7) **몰드 방폭구조(m)** : 폭발성분위기에 점화를 유발할 수 있는 부분에 컴파운드를 충전함으로써 설치 및 운전 조건에서 폭발성분위기에 점화가 일어나지 아니하도록 한 방폭구조
(8) **충전 방폭구조(q)** : 폭발성가스분위기에 점화를 유발할 수 있는 부분을 고정설치하고 그 주위 전체를 충전물질로 둘러쌈으로써 외부 폭발성분위기에 점화가 일어나지 아니하도록 한 방폭구조
(9) **특수 방폭구조(s)** : 내압, 유입, 압력, 안전증, 본질안전 이외의 방폭구조로서 폭발성 가스 또는 증기에 점화 또는 위험 분위기로 인화를 방지할 수 있는 것이 시험, 기타에 의하여 확인된 구조
(10) **방진 방폭구조(tD)** : 분진층이나 분진운의 점화를 방지하기 위하여 용기로 보호하는 전기기기에 적용되는 분진 침투 방지, 표면 온도 제한 등의 방법을 말한다.

[방폭구조의 기호]✪✪✪

가스, 증기 방폭구조		기호
가스, 증기 방폭구조	내압 방폭구조	d
	압력 방폭구조	p
가스, 증기 방폭구조	유입 방폭구조	o
	안전증 방폭구조	e
	본질안전 방폭구조	ia or ib
	충전 방폭구조	q
	비점화 방폭구조	n
	몰드 방폭구조	m
	특수 방폭구조	s
분진 방폭구조	방진 방폭구조	tD

2. 전기설비의 방폭 및 대책

(1) 안전간격(Safety gap)✄✄
용기(내용적 8L, 틈의 안길이 25mm의 구형용기) 내에 폭발성 가스를 채우고 점화시켰을 때 폭발 화염이 용기외부까지 전달되지 않는 한계의 틈

(2) 방폭전기기기의 분류
① 방폭전기기기는 탄광용 Group I, 공장 및 사업장용 Group II로 분류하고 있다.
② 내압방폭구조 및 본질안전방폭구조의 전기기기는 그 방폭성능에 따라 IIA, IIB, IIC의 3개 Group으로 분류하고 있다.

[화염일주한계에 의한 분류]

폭발성 가스의 분류	A	B	C
화염일주한계	0.9mm 이상	0.5mm 초과 0.9mm 미만	0.5mm 이하
내압방폭구조의 전기기기의 분류	IIA	IIB	IIC

[최소점화전류에 의한 분류]

폭발성 가스의 분류	A	B	C
최소점화전류	0.8mm 초과	0.45mm 이상 0.8mm 이하	0.45mm 미만
본질안전 방폭구조의 전기기기의 분류	IIA	IIB	IIC

(3) 가스·증기 발화온도 및 전기기기의 온도등급과의 관계 ✩✩

폭발위험 장소 구분에 따른 온도등급	가스·증기의 발화온도(℃)	전기기기의 최고 표면온도(℃)	허용 가능한 기기의 온도등급
T1	>450(450 초과)	450 이하	T1~T6
T2	>300(300 초과) (또는 300 초과 450 이하)	300 이하	T2~T6
T3	>200(200 초과) (또는 200 초과 300 이하)	200 이하	T3~T6
T4	>135(135 초과) (또는 135 초과 200 이하)	135 이하	T4~T6
T5	>100(100 초과) (또는 100 초과 135 이하)	100 이하	T5~T6
T6	>85(85 초과) (또는 85 초과 100 이하)	85 이하	T6

(4) 위험장소의 분류 ✩✩✩

[가스폭발 위험장소]

0종 장소	가. 설비의 내부 나. 인화성 또는 가연성 액체 피트(PIT) 등의 내부 다. 인화성 또는 가연성의 가스나 증기가 지속적으로 또는 장기간 체류하는 곳
1종 장소	가. 통상의 상태에서 위험분위기가 쉽게 생성되는 곳 나. 운전, 유지 보수 또는 누설에 의하여 자주 위험분위기가 생성되는 곳 다. 설비 일부의 고장 시 가연성물질의 방출과 전기계통의 고장이 동시에 발생되기 쉬운 곳 라. 환기가 불충분한 장소에 설치된 배관 계통으로 배관이 쉽게 누설되는 구조의 곳 마. 주변 지역보다 낮아 가스나 증기가 체류할 수 있는 곳 바. 상용의 상태에서 위험분위기가 주기적 또는 간헐적으로 존재하는 곳
2종 장소	가. 환기가 불충분한 장소에 설치된 배관계통으로 배관이 쉽게 누설되지 않는 구조의 곳 나. 가스켓(GASKET), 팩킹(PACKING) 등의 고장과 같이 이상상태에서만 누출될 수 있는 공정설비 또는 배관이 환기가 충분한 곳에 설치될 경우 다. 1종 장소와 직접 접하며 개방되어 있는 곳 또는 1종 장소와 닥트, 트랜치, 파이프 등으로 연결되어 이들을 통해 가스나 증기의 유입이 가능한 곳 라. 강제 환기방식이 채용되는 곳으로 환기설비의 고장이나 이상 시에 위험 분위기가 생성될 수 있는 곳

[분진폭발 위험장소]

20종 장소	분진운 형태의 **가연성 분진이 폭발농도를 형성할 정도로 충분한 양이 정상 작동 중에 연속적으로 또는 자주 존재**하거나, 제어할 수 없을 정도의 양 및 두께의 분진층이 형성될 수 있는 장소
21종 장소	20종 장소외의 장소로서, 분진운 형태의 **가연성 분진이 폭발농도를 형성할 정도의 충분한 양이 정상작동 중에 존재**할 수 있는 장소
22종 장소	21종 장소외의 장소로서, 가연성 분진운 형태가 드물게 발생 또는 단기간 존재할 우려가 있거나, 이상 작동상태 하에서 가연성 분진운이 형성될 수 있는 장소

(5) 위험장소별 방폭구조 ✿✿✿

분류		적요
가스 폭발 위험 장소	0종 장소	**본질안전** 방폭구조(ia) 그 밖에 관련 공인 인증 기관이 0종 장소에서 사용이 가능한 방폭구조로 인증한 방폭구조
	1종 장소	**내압** 방폭구조(d)　　　　　　**압력** 방폭구조(p) **충전** 방폭구조(q)　　　　　　**유입** 방폭구조(o) **안전증** 방폭구조(e)　　　　　**본질안전** 방폭구조(ia, ib) **몰드** 방폭구조(m) 그 밖에 관련 공인 인증 기관이 1종 장소에서 사용이 가능한 방폭구조로 인증한 방폭구조
	2종 장소	0종 장소 및 1종 장소에 사용 가능한 방폭구조 **비점화** 방폭구조(n) 그 밖에 2종 장소에서 사용하도록 특별히 고안된 비방폭형 구조
분진 폭발 위험 장소	20종 장소	밀폐방진 방폭구조(DIP A20 또는 DIP B20) 그 밖에 관련 공인 인증 기관이 20종 장소에서 사용이 가능한 방폭구조로 인증한 방폭구조
	21종 장소	밀폐방진 방폭구조(DIP A20 또는, DIP B20 또는 B21) 특수방진 방폭구조(SDP) 그 밖에 관련 공인 인증 기관이 21종 장소에서 사용이 가능한 방폭구조로 인증한 방폭구조
	22종 장소	20종 장소 및 21종 장소에서 사용 가능한 방폭구조 일반방진 방폭구조(DIP A22 또는 DIP B22) 보통방진 방폭구조(DIP) 그 밖에 22종 장소에서 사용하도록 특별히 고안된 비방폭형 구조

(6) 방폭기기 표시방법 ★★

> Ex d ⅡA T1 IP 54

Ex : 방폭구조의 상징
d : 방폭구조(내압 방폭구조)
ⅡA : 가스, 증기 및 분진의 그룹
T1 : 온도등급
IP 54 : 보호등급

방폭구조	기호
내 압	d
압 력	p
안전증	e
유 입	o
본질안전	ia, ib
특 수	s
특수분진	SDP
보통방진	DP
방진특수	XDP

분 류		기호
산업용 Ⅱ	가스·증기	A
		B
		C
	분진	11
		12
		13

온도등급
T₁
T₂
T₃
T₄
T₅
T₆

보호등급
IP ○○

기타사항

[표기 예]
- 가스·증기의 경우 : Ex d Ⅱ A T2 IP 54
- 분진의 경우 : Ex SDP Ⅱ 11

(7) 전기설비의 방폭화 방법 ★★

① **점화원의** 방폭적 격리(전폐형 방폭구조) : **내압, 압력, 유입** 방폭구조
② 전기설비의 **안전도 증강** : **안전증** 방폭구조
③ **점화능력의** 본질적 억제 : **본질안전** 방폭구조

PART 05 화학설비 안전 관리

제1장 화학물질 안전관리 실행

1. 위험물의 종류 ☆☆☆

(1) 폭발성 물질 및 유기과산화물

가. 질산에스테르류
나. 니트로화합물
다. 니트로소화합물
라. 아조화합물
마. 디아조화합물
바. 하이드라진 유도체
사. 유기과산화물

폭발(폭발성물질)하는 질산에(질산에스테르) 니태아조(니트로, 니트로소, 아조, 디아조) 하드라유(하이드라진 유도체, 유기과산화물)
⇒ 폭발하는 질산에 니태워줘? 하더라

(2) 물반응성 물질 및 인화성 고체

가. 리튬
나. 칼륨·나트륨
다. 황
라. 황린
마. 황화인·적린
바. 셀룰로이드류
사. 알킬알루미늄·알킬리튬
아. 마그네슘 분말
자. 금속 분말(마그네슘 분말은 제외한다)
차. 알칼리금속(리튬·칼륨 및 나트륨은 제외한다)
카. 유기 금속화합물(알킬알루미늄 및 알킬리튬은 제외한다)
타. 금속의 수소화물
파. 금속의 인화물
하. 칼슘 탄화물, 알루미늄 탄화물

물 반응성 물질 : 나(나트륨), 칼(칼륨·칼슘), 알(알킬알루미늄·알킬리튬), 물(물반응성물질) 리(리튬)
⇒ 나! 칼 안물거야
인화성 고체 : 인화성 황인(황, 황린, 황화인, 적린)이 젤(셀룰로이드류) 금(금속분말), 마(마그네슘)
⇒ 인화성 황, 인이 제일 겁나!

(3) 산화성 액체 및 산화성 고체	가. 차아염소산 및 그 염류 나. 아염소산 및 그 염류 다. 염소산 및 그 염류 라. 과염소산 및 그 염류 마. 브롬산 및 그 염류 바. 요오드산 및 그 염류 사. 과산화수소 및 무기 과산화물 아. 질산 및 그 염류 자. 과망간산 및 그 염류 차. 중크롬산 및 그 염류 **실력이 되고! 합격이 되는! 특급 암기법** 염소(염소산) 보러(브롬산) 요과(요오드산, 과산화수소, 무기과산화물, 과망간산)하고 질산 가는 중(중크롬산)! ⇒ 염소 보러 요과하고 질산 가는 중!
(4) 인화성 액체	가. 에틸에테르, 가솔린, 아세트알데히드, 산화프로필렌, 그 밖에 인화점이 섭씨 23도 미만이고 초기끓는점이 섭씨 35도 이하인 물질 **실력이 되고! 합격이 되는! 특급 암기법** 235 아세트알(아세트알데히드)샴푸(산화프로필렌)가 거슬린(가솔린) 에테르(에틸에테르) ⇒ 235 아세트알 샴푸가 거슬린 에테르 나. 노르말헥산, 아세톤, 메틸에틸케톤, 메틸알코올, 에틸알코올, 이황화탄소, 그 밖에 인화점이 섭씨 23도 미만이고 초기 끓는점이 섭씨 35도를 초과하는 물질 **실력이 되고! 합격이 되는! 특급 암기법** 235 아세톤 메에케(메틸에틸케톤)해! 노!(노르말헥산) 이황화탄(이황화탄소) 알콜(메틸알콜, 에틸알콜) ⇒ 235 아세톤 메에케해! NO!이황화탄 알콜 다. 크실렌, 아세트산아밀, 등유, 경유, 테레핀유, 이소아밀알코올, 아세트산, 하이드라진, 그 밖에 인화점이 섭씨 23도 이상 섭씨 60도 이하인 물질 **실력이 되고! 합격이 되는! 특급 암기법** 아세트산아(아세트산, 아세트산아밀)! 텔레비전(테레핀유) 켜실땐(크실렌) 2360 등(등유)을 경유(경유) 하이(하이드라진)소(이소아밀알콜)! ⇒ 아세트산아! 텔레비전(TV) 켜실땐 2360 등을 경유 하이소!
(5) 인화성 가스	가. 수소 나. 아세틸렌 다. 에틸렌 라. 메탄 마. 에탄 바. 프로판 사. 부탄 아. 인화한계 농도의 최저한도가 13% 이하 또는 최고한도와 최저한도의 차가 12% 이상인 것으로서 표준압력(101.3kPa)하의 20℃에서 가스상태인 물질 **실력이 되고! 합격이 되는! 특급 암기법** 폭발 1등급 : 메, 에, 프로, 부 폭발 2등급 : 에틸렌 폭발 3등급 : 수소, 아세틸렌

(6) 부식성 물질	가. 부식성 산류 ① 농도가 20퍼센트 이상인 염산, 황산, 질산, 그 밖에 이와 같은 정도 이상의 부식성을 가지는 물질 ② 농도가 60퍼센트 이상인 인산, 아세트산, 불산, 그 밖에 이와 같은 정도 이상의 부식성을 가지는 물질 나. 부식성 염기류 농도가 40퍼센트 이상인 수산화나트륨, 수산화칼륨, 그 밖에 이와 같은 정도 이상의 부식성을 가지는 염기류
	특급 암기법 20% : 염, 황, 질 40% : 수나, 수칼 60% : 인, 아, 불
(7) 급성 독성 물질	가. 쥐에 대한 경구투입실험에 의하여 실험동물의 50퍼센트를 사망시킬 수 있는 물질의 양, 즉 LD_{50}(경구, 쥐)이 킬로그램당 300밀리그램-(체중) 이하인 화학물질 나. 쥐 또는 토끼에 대한 경피흡수실험에 의하여 실험동물의 50퍼센트를 사망시킬 수 있는 물질의 양, 즉 LD_{50}(경피, 토끼 또는 쥐)이 킬로그램당 1,000밀리그램-(체중) 이하인 화학물질 다. 쥐에 대한 4시간 동안의 흡입실험에 의하여 실험동물의 50퍼센트를 사망시킬 수 있는 물질의 농도, 즉 가스 LC_{50}(쥐, 4시간 흡입)이 2,500ppm 이하인 화학물질, 증기 LC_{50}(쥐, 4시간 흡입)이 10mg/l 이하인 화학물질, 분진 또는 미스트 1mg/l 이하인 화학물질
	특급 암기법 경구 : 300mg/kg 경피 : 1,000mg/kg 가스 : 2,500ppm 증기 : 10mg/L 분진·미스트 : 1mg/L

2. 노출기준

(1) 시간가중평균노출기준(TWA 농도) ✧✧

① 일 8시간 작업하는 동안 반복 노출되더라도 건강장해를 일으키지 않는 유해물질의 평균농도

$$TWA환산값 = \frac{C_1 \cdot T_1 + C_2 \cdot T_2 + \cdots\cdots + C_n \cdot T_n}{8}$$

여기서 C : 유해인자의 측정치(단위 : ppm 또는 mg/m³)
　　　T : 유해인자의 발생시간(단위 : 시간)

(2) 단시간노출기준(STEL 농도) ✈✈
① 근로자가 1회에 15분간 유해인자에 노출되는 경우의 기준을 말한다.
② 이 기준 이하에서는 1회 노출간격이 1시간 이상인 경우 1일 작업시간 동안 4회까지 노출이 허용될 수 있는 기준을 말한다.

(3) 최고노출기준(C)(Ceiling 농도) ✈✈
① 근로자가 1일 작업시간 동안 잠시라도 노출되어서는 아니되는 기준을 말한다.
② 노출기준 앞에 "C"를 붙여 표시한다.

(4) 노출기준의 계산 ✈

1. 노출지수

$$\text{노출지수 } EI = \frac{C_1}{T_1} + \frac{C_2}{T_2} + \cdots + \frac{C_n}{T_n}$$

여기서 C : 화학물질 각각의 측정치
T : 화학물질 각각의 노출기준

판정 : $EI > 1$ 경우 노출기준을 초과함

2. 혼합물의 TLV-TWA

$$TLV-TWA = \frac{C_1 + C_2 + \cdots + C_n}{EI}$$

3. 유해물 취급상의 안전조치 ✈

① 유해물 발생원의 봉쇄
② 유해물의 위치, 작업공정의 변경
③ 작업공정의 은폐 및 작업장의 격리

4. 위험물의 성질 및 위험성

(1) 발화성 물질의 저장법 ✈
① 나트륨, 칼륨 : 석유 속 저장
② 황린 : 물속에 저장
③ 적린, 마그네슘, 칼륨 : 격리 저장
④ 질산은($AgNO_3$) 용액 : 햇빛 피하여 저장(빛에 의해 광분해 반응 일으킴)
⑤ 벤젠 : 산화성 물질과 격리저장

⑥ 탄화칼슘(CaC_2, 카바이트) : 금수성물질로서 물과 격렬히 반응하므로 건조한 곳에 보관
⑦ 질산 : 통풍이 잘되는 곳에 보관하고 물기와의 접촉을 피한다.

(2) 니트로셀룰로오스(질화면)의 저장법 ✈

건조하면 분해폭발하므로 알콜에 적셔 습하게 보관한다.

(3) 중독 증세 ✈

① 수은중독 : 구내염, 혈뇨, 손떨림 증상
② 납중독 : 신경근육계통 장애
③ 크롬중독 : 비중격천공증세
④ 벤젠중독 : 조혈기관 장애(백혈병)

5. 폭발 또는 화재 등의 예방

① 인화성 물질의 증기, 가연성 가스 또는 가연성 분진이 존재하여 폭발 또는 화재가 발생할 우려가 있는 장소에서는 당해 증기·가스 또는 분진에 의한 폭발 또는 화재를 예방하기 위해 환풍기, 배풍기 등 환기장치를 적절하게 설치해야 한다.
② 증기 또는 가스에 의한 폭발 또는 화재를 미리 감지할 수 있는 가스검지 및 경보장치를 설치하고 그 성능이 발휘될 수 있도록 하여야 한다.

6. 인화성 가스 취급 시 주의사항

(1) 가스의 종류 및 특징 ✈

① 액화가스 : 상온에서 낮은 압력으로도 쉽게 액화되는 가스
　예 프로판(C_3H_8), 부탄(C_4H_{10}), 암모니아(NH_3), 염소(Cl_2), 이산화탄소(CO_2)
② 압축가스 : 상온에서 압축하여도 쉽게 액화되지 않는 가스
　예 헬륨(He), 네온(Ne), 아르곤(Ar), 수소(H_2), 산소(O_2), 질소(N_2), 일산화탄소(CO), 공기 등
③ 용해가스 : 액화하기 위해 압축하면 분해를 발하므로, 용기에 다공물질 채우고 용제에 용해하여 충전한 가스
　예 아세틸렌(C_2H_2)

(2) 고압가스 용기 파열사고의 원인 ✈

① 용기의 내압력 부족
② 용기 내 압력의 이상 상승
③ 용기 내에서 폭발성 혼합가스의 발화

(3) 가스농도 측정을 하여야 하는 경우 ✈

① 가스의 농도를 측정하는 자를 지명 당해가스의 농도를 측정하도록 하는 일

가스농도 측정을 하여야 하는 경우 ✈
• 매일 작업을 시작하기 전 • 가스의 누출이 의심되는 경우 • 가스가 발생하거나 정체할 위험이 있는 장소가 있는 경우 • 장시간 작업을 계속하는 때(이 경우 4시간마다 가스농도를 측정하도록 하여야 한다)

② 가스의 농도가 인화하한계 값의 25퍼센트 이상으로 밝혀진 때에는 즉시 근로자를 안전한 장소에 대피시키고 화기 그 밖에 점화원이 될 우려가 있는 기계·기구 등의 사용을 중지하며 통풍·환기 등을 할 것 ✈

7. 유해화학물질 취급 시 주의사항

(1) 작업장의 적정공기 수준 ✈✈

작업장의 적정공기 수준
• 산소농도의 범위가 18% 이상 23.5% 미만 • 이산화탄소의 농도가 1.5% 미만 • 일산화탄소의 농도가 30ppm 미만 • 황화수소의 농도가 10ppm 미만

(2) "산소결핍"이란 공기 중의 산소농도가 18퍼센트 미만인 상태를 말한다. ✈✈

(3) 사업주는 밀폐공간에 근로자를 종사하도록 하는 경우에 송기마스크 등, 사다리 및 섬유로프 등 비상시에 근로자를 피난시키거나 구출하기 위하여 필요한 기구를 갖추어 두어야 한다. ✈

8. 화학설비 종류 ✈

① 반응기·혼합조 등 화학물질 반응 또는 혼합장치
② 증류탑·흡수탑·추출탑·감압탑 등 화학물질 분리장치
③ 저장탱크·계량탱크·호퍼·사일로 등 화학물질 저장 또는 계량설비
④ 응축기·냉각기·가열기·증발기 등 열교환기류
⑤ 고로 등 점화기를 직접 사용하는 열교환기류
⑥ 카렌다·혼합기·발포기·인쇄기·압출기 등 화학제품 가공설비
⑦ 분쇄기·분체분리기·용융기 등 분체화학물질 취급장치
⑧ 결정조·유동탑·탈습기·건조기 등 분체화학물질 분리장치
⑨ 펌프류·압축기·이젝타 등의 화학물질 이송 또는 압축설비

9. 부식방지 ✪

화학설비 또는 그 배관(화학설비 또는 그 배관의 밸브나 콕은 제외한다) 중 **위험물 또는 인화점이 섭씨 60도 이상인 물질이 접촉하는 부분**에 대해서는 위험물질 등에 의하여 그 부분이 부식되어 폭발·화재 또는 누출되는 것을 방지하기 위하여 위험물질 등의 종류·온도·농도 등에 따라 **부식이 잘되지 않는 재료를 사용하거나 도장(塗裝) 등의 조치**를 하여야 한다.

10. 덮개 등의 접합부 ✪

사업주는 화학설비 또는 그 배관의 **덮개·플랜지·밸브 및 콕의 접합부**에 대하여 위험물질 등의 누출로 인한 폭발·화재 또는 **위험물의 누출을 방지하기 위하여 적절한 개스킷(gasket)을 사용**하고 접합면을 상호 밀착시키는 등 적절한 조치를 하여야 한다.

11. 안전밸브를 설치하여야 하는 곳

(1) 안전밸브(또는 파열판)을 설치하여야 하는 곳 ✪
① **압력용기**(안지름이 150밀리미터 이하치인 압력용기는 제외하며, 압력용기 중 관형 열교환기의 경우에는 관의 파열로 인하여 상승한 압력이 압력용기의 최고사용압력을 초과할 우려가 있는 경우만 해당한다)
② **정변위 압축기**
③ **정변위 펌프**(토출 측에 차단밸브가 설치된 것만 해당한다)
④ **배관**(2개 이상의 밸브에 의하여 차단되어 대기온도에서 액체의 열팽창에 의하여 파열될 우려가 있는 것으로 한정한다)
⑤ 그 밖의 **화학설비 및 그 부속설비로서 해당 설비의 최고사용압력을 초과할 우려가 있는 것**

(2) 안전밸브 등을 설치하는 경우에는 **다단형 압축기 또는 직렬로 접속된 공기압축기에 대해서는 각 단 또는 각 공기압축기별로 안전밸브 등을 설치**하여야 한다. ✪

(3) 안전밸브 검사주기 ✪✪
① 화학공정 유체와 안전밸브의 디스크 또는 시트가 직접 접촉될 수 있도록 설치된 경우 : 2년마다 1회 이상
② 안전밸브 전단에 파열판이 설치된 경우 : 3년마다 1회 이상

③ 공정안전보고서 제출 대상으로서 고용노동부장관이 실시하는 **공정안전보고서 이행상태 평가결과가 우수한 사업장의 안전밸브의 경우 : 4년마다 1회 이상**

(4) 파열판을 설치하여야 하는 경우 ✯✯
① 반응폭주 등 급격한 압력상승의 우려가 있는 경우
② 급성독성물질의 누출로 인하여 주위의 작업환경을 오염시킬 우려가 있는 경우
③ 운전 중 안전밸브에 이상 물질이 누적되어 **안전밸브가 작동되지 아니할 우려가 있는 경우**

(5) 안전밸브 등의 작동요건 및 배출용량
안전밸브 등을 통하여 보호하려는 설비의 최고사용압력 이하에서 작동되도록 하여야 한다. 다만, 안전밸브 등이 2개 이상 설치된 경우에 1개는 최고사용압력의 1.05배(외부화재를 대비한 경우에는 1.1배) 이하에서 작동되도록 설치할 수 있다. ✯✯

(6) 안전밸브의 전·후단에 차단밸브를 설치할 수 있는 경우 ✯
① 인접한 화학설비 및 그 부속설비에 안전밸브 등이 각각 설치되어 있고 연결배관에 차단밸브가 없는 경우
② 안전밸브 등의 배출용량의 2분의 1 이상에 해당하는 용량의 자동압력조절밸브와 안전밸브 등이 병렬로 연결된 경우
③ 화학설비 및 그 부속설비에 **안전밸브 등이 복수방식으로 설치되어 있는 경우**
④ 예비용 설비를 설치하고 각각의 설비에 안전밸브 등이 설치되어 있는 경우
⑤ 열팽창에 의하여 **상승된 압력을 낮추기 위한 목적으로 안전밸브가 설치된 경우**
⑥ 하나의 플레어스택에 2 이상의 단위공정의 플레어헤더를 연결하여 사용하는 경우로서 차단밸브의 열림·닫힘 상태를 중앙제어실에서 알 수 있도록 조치한 경우

(7) 통기설비(통기밸브, Breather valve) ✯✯
인화성 액체를 저장·취급하는 대기압탱크에는 통기관 또는 통기밸브(breather valve) 등을 설치하여야 한다. 통기설비는 정상운전 시에 대기압탱크 내부가 진공 또는 가압되지 않도록 **충분한 용량의 것을 사용**하여야 하며, **철저하게 유지·보수**를 하여야 한다.

(8) 화염방지기(Flame arrestor)의 설치 ✨✨

인화성 액체 및 인화성 가스를 저장 취급하는 화학설비에서 증기나 가스를 대기로 방출하는 경우에는 외부로부터의 화염을 방지하기 위하여 화염방지기를 그 설비 상단에 설치하여야 한다.

내화구조로 하여야 하는 부분
① 건축물의 기둥 및 보 : 지상 1층(지상 1층의 높이가 6미터를 초과하는 경우에는 6미터)까지
② 위험물 저장·취급용기의 지지대(높이가 30센티미터 이하인 것은 제외한다) : 지상으로부터 지지대의 끝부분까지
③ 배관·전선관 등의 지지대 : 지상으로부터 1단(1단의 높이가 6미터를 초과하는 경우에는 6미터)까지

(9) 방유제 설치 ✨

사업주는 위험물질을 액체상태로 저장하는 저장탱크를 설치하는 때에는 위험물질이 누출되어 확산되는 것을 방지하기 위하여 방유제(防油提)를 설치하여야 한다.

(10) 화학설비의 안전거리 기준 ✨✨

구분	안전거리
1. 단위공정시설 및 설비로부터 다른 단위공정시설 및 설비의 사이	설비의 바깥 면으로부터 10미터 이상
2. 플레어스택으로부터 단위공정시설 및 설비, 위험물질 저장탱크 또는 위험물질 하역설비의 사이	플레어스택으로부터 반경 20미터 이상. 다만, 단위공정시설 등이 불연재로 시공된 지붕 아래에 설치된 경우에는 그러하지 아니하다.
3. 위험물질 저장탱크로부터 단위공정시설 및 설비, 보일러 또는 가열로의 사이	저장탱크의 바깥 면으로부터 20미터 이상. 다만, 저장탱크의 방호벽, 원격조종 소화설비 또는 살수설비를 설치한 경우에는 그러하지 아니하다.
4. 사무실·연구실·실험실·정비실 또는 식당으로 부터 단위공정시설 및 설비, 위험물질 저장탱크, 위험물질 하역설비, 보일러 또는 가열로의 사이	사무실 등의 바깥 면으로부터 20미터 이상. 다만, 난방용 보일러인 경우 또는 사무실 등의 벽을 방호구조로 설치한 경우에는 그러하지 아니하다.

12. 특수화학설비

(1) 특수화학설비의 종류 ✯

① 발열반응이 일어나는 반응장치
② 증류·정류·증발·추출 등 분리를 행하는 장치
③ 가열시켜주는 물질의 온도가 가열되는 위험물질의 분해온도 또는 발화점 보다 높은 상태에서 운전되는 설비
④ 반응폭주 등 이상 화학반응에 의하여 위험물질이 발생할 우려가 있는 설비
⑤ 온도가 섭씨 350도 이상이거나 게이지 압력이 980킬로파스칼 이상인 상태에서 운전되는 설비
⑥ 가열로 또는 가열기

(2) 특수화학설비의 방호장치 설치 ✯✯

계측장치	특수화학설비를 설치하는 때에는 내부의 이상상태를 조기에 파악하기 위하여 필요한 온도계·유량계·압력계 등의 계측장치를 설치하여야 한다.
자동경보장치	특수 화학설비를 설치하는 때에는 그 내부의 이상상태를 조기에 파악하기 위하여 필요한 자동경보장치를 설치하여야 한다. 다만, 자동경보장치를 설치하는 것이 곤란한 때에는 감시인을 두고 당해 특수화학설비의 운전 중 당해설비를 감시하도록 하는 등의 조치를 하여야 한다.
긴급차단장치	특수화학설비를 설치하는 때에는 이상상태의 발생에 따른 폭발·화재 또는 위험물의 누출을 방지하기 위하여 원재료 공급의 긴급차단, 제품 등의 방출, 불활성가스의 주입 또는 냉각용수 등의 공급을 위하여 필요한 장치 등을 설치하여야 한다.
예비동력원	• 동력원의 이상에 의한 폭발 또는 화재를 방지하기 위하여 즉시 사용할 수 있는 예비동력원을 갖추어 둘 것 • 밸브·콕·스위치 등에 대하여는 오조작을 방지하기 위하여 잠금장치를 하고 색채표시 등으로 구분할 것

13. 반응기의 설계 시 주요인자 ✯

① 온도
② 압력
③ 부식성
④ 상의 형태
⑤ 체류시간

14. 증류탑

(1) 증류탑 설계시 주요인자 ✪
① 온도, ② 압력, ③ 부식성, ④ 액 및 가스비율, ⑤ 연속식 및 회분식

(2) 증류탑의 일상 점검항목 ✪
① 보온재·보냉재의 파손 상황
② 도장의 열화정도
③ 볼트의 풀림 여부
④ 플랜지, 맨홀, 용접부 등에서의 누출 여부
⑤ 증기 배관의 열팽창에 의한 과도한 힘이 가해지지 않는지 여부

(3) 증류탑 개방 시 점검 항목
① 트레이의 부식 상태
② 포종의 막힘 여부
③ 넘쳐흐르는 둑의 높이가 설계와 같은지 여부
④ 용접선의 상황 및 포종의 고정 여부
⑤ 균열, 손상 여부

15. 열교환기

(1) 열교환기 손실열량

$$Q = K \times A \times \frac{\Delta T}{\Delta X} (\text{kcal/hr})$$

여기서, K : 전열계수, A : 면적, ΔX : 두께, ΔT : 온도변화량

(2) 열교환기의 일상점검 항목 ✪
① 보온재 및 보냉재의 상태
② 도장의 열화상태
③ 용접부 등으로부터의 누출 여부
④ 기초볼트의 풀림상태

16. 건조설비 취급 시 주의사항

(1) 위험물 건조설비 중 건조실을 독립된 단층건물로 하여야 하는 경우 ✪
① 위험물 또는 위험물이 발생하는 물질을 가열·건조하는 경우 내용적이 1 세제곱미터(1m3) 이상인 건조설비

② 위험물이 아닌 물질을 가열·건조하는 경우로서 다음 각목의 1의 용량에 해당하는 건조설비
- 고체 또는 액체연료의 최대사용량이 시간당 10킬로그램(10kg/h) 이상
- 기체연료의 최대사용량이 시간당 1세제곱미터(1m3/h) 이상
- 전기사용 정격용량이 10킬로와트(10kW) 이상

(2) 건조실의 구조 ✖

① 건조설비의 바깥 면은 불연성 재료로 만들 것
② 건조설비(유기 과산화물을 가열 건조하는 것을 제외한다)의 내면과 내부의 선반이나 틀은 불연성 재료로 만들 것
③ 위험물건조설비의 측벽이나 바닥은 견고한 구조로 할 것
④ 위험물건조설비는 그 상부를 가벼운 재료로 만들고 주위상황을 고려하여 폭발구를 설치할 것
⑤ 위험물건조설비는 건조하는 경우에 발생하는 가스·증기 또는 분진을 안전한 장소로 배출시킬 수 있는 구조로 할 것
⑥ 액체연료 또는 인화성 가스를 열원의 연료로서 사용하는 건조설비는 점화하는 경우에는 폭발 또는 화재를 예방하기 위하여 연소실이나 그밖에 점화하는 부분을 환기시킬 수 있는 구조로 할 것
⑦ 건조설비의 내부는 청소하기 쉬운 구조로 할 것
⑧ 건조설비의 감시창·출입구 및 배기구 등과 같은 개구부는 발화시에 불이 다른 곳으로 번지지 아니하는 위치에 설치하고 필요한 경우에는 즉시 밀폐할 수 있는 구조로 할 것
⑨ 건조설비는 내부의 온도가 부분적으로 상승하지 아니하는 구조로 설치할 것
⑩ 위험물건조설비의 열원으로서 직화를 사용하지 아니할 것
⑪ 위험물 건조설비가 아닌 건조설비의 열원으로서 직화를 사용하는 경우에는 불꽃 등에 의한 화재를 예방하기 위하여 덮개를 설치하거나 격벽을 설치할 것

(3) 건조설비 사용 시 폭발·화재 예방 위한 준수사항 ✖

① 위험물건조설비를 사용하는 때에는 미리 내부를 청소하거나 환기할 것
② 위험물건조설비를 사용하는 때에는 건조로 인하여 발생하는 가스·증기 또는 분진에 의하여 폭발·화재의 위험이 있는 물질을 안전한 장소로 배출시킬 것
③ 위험물건조설비를 사용하여 가열 건조하는 건조물은 쉽게 이탈되지 아니하도록 할 것

④ 고온으로 가열 건조한 인화성 액체는 발화의 위험이 없는 온도로 냉각한 후에 격납시킬 것
⑤ 건조설비(바깥 면이 현저히 고온이 되는 설비만 해당한다)에 가까운 장소에는 인화성 액체를 두지 않도록 할 것

17. 제어장치

(1) 열린 루프 제어계(개회로 방식) 작동순서 ✮

| 공정설비 ⇨ | 검출부
온도, 압력, 유량 등을 계기에서 검출 | ⇨ | 조절부
검출부로부터 신호받아 설정치를 적절히 조절 | ⇨ | 조작부
조절부로 부터의 신호에 의해 개폐동작 (밸브 등) |

(2) 닫힌 루프 제어계(피드백제어) ✮

피드백제어는 제어결과를 입력측으로 되돌림으로써 제어결과가 소기의 목적에 일치하도록 연속적으로 조절하여 제어의 질을 개선하는 효과를 가져오게 한다.

[폐회로방식 제어계 작동순서 ✮]

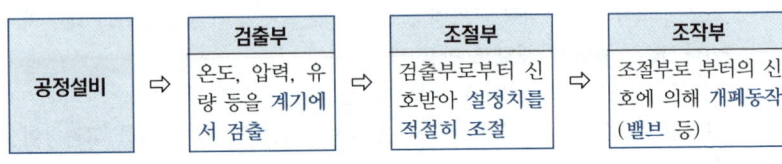

18. 안전장치의 종류

(1) 안전밸브의 종류

① 중추식	압력이 상승할 경우 추의 중량을 이용하여 가스를 외부로 배출하는 방식
② 지렛대식(레버식)	지렛대 사이에 추를 설치하여 추의 위치에 따라 가스배출량이 결정되는 방식
③ 파열판식	용기 내 압력이 급격히 상승 시 얇은 금속판이 파열되며 가스를 외부로 배출하는 방식
④ 스프링식 ✮	가장 많이 사용되는 방식으로 용기 내 압력이 설정압력 이상이 되면 스프링의 작동으로 가스를 외부로 배출하는 방식. 분출용량에 따라 저양식, 고양정식, 전양정식, 전량식이 있다.
⑤ 가용전식	용기 내의 온도가 설정온도 이상이 되면 가용금속이 녹아 가스를 배출하는 방식

(2) 반드시 파열판을 설치하여야 하는 경우 ✖✖
① 반응 폭주 등 급격한 압력상승의 우려가 있는 경우
② 독성물질의 누출로 인하여 주위의 작업환경을 오염시킬 우려가 있는 경우
③ 운전 중 안전밸브에 이상 물질이 누적되어 안전밸브가 작동되지 아니할 우려가 있는 경우

(3) 체크밸브 : 유체의 역류를 방지한다. ✖

(4) 대기밸브(통기밸브, Breather valve) : 탱크내의 압력을 대기압과 평행하게 유지하는 역할을 한다. ✖✖

(5) 화염방지기(flame arrester) : 외부로부터의 화염을 차단할 목적으로 인화성 액체(유류탱크) 및 인화성가스 저장 설비의 상단에 설치한다. ✖✖

19. 배관 및 피팅류

(1) 관의 부속품 ✖

2개관의 연결	플랜지, 유니언, 니플, 소켓
관의 지름 변경	리듀서, 부싱
관로방향 변경	엘보, Y형 관이음쇠, 티, 십자
유로차단	플러그, 밸브, 캡
유량조절	• 게이트밸브(gate valve) : 차단용 밸브로서 게이트가 열리거나 닫히며 유로를 차단 또는 개방한다. • 글로브밸브(glove valve) : 유량제어의 목적으로 가장 많이 사용된다. • 체크밸브(checke valve) : 유체가 한 방향으로만 흐르도록 하는 역류방지용 밸브이다. ✖ • 니들밸브(needle valve) : 공압작동식 밸브이다. 공기의 압력으로 변이 열리거나 닫히며 조절한다.

(2) 배관의 이상 현상
① 공동현상(Cavitation) ✖ : 유체의 증기압이 물의 증기압보다 낮을 경우 부분적으로 증기를 발생시켜 배관을 부식시키는 현상이다.
② 수격작용(Water hammering, 물망치작용) ✖ : 밸브를 급격히 개폐 시에 배관 내를 유동하던 물이 배관을 치는 현상(압력파가 급격히 관내를 왕복하는 현상)으로 배관 파열을 초래한다.

③ 맥동현상(surging) : 압축기와 송풍기의 관로에 심한 공기의 맥동과 진동을 발생하면서 유량이 단속적으로 변하여 펌프입출구에 설치된 진공계, 압력계가 흔들리고 진동과 소음이 일어나며 펌프의 토출량의 변화(불안정한 운전)를 초래한다.
④ 베이퍼로크(Vaper lock) : 유체이동 시 배관 내에서 **외부 영향 받아 액체가 기체로 변하는 현상**

제2장. 화공안전 비상조치 계획·대응

1. 비상사태의 구분

(1) 조업 상의 비상사태
① 중대한 화재사고가 발생한 경우
② 중대한 폭발사고가 발생한 경우
③ 독성화학물질의 누출사고 또는 환경오염 사고가 발생한 경우
④ 인근 지역의 비상사태 영향이 사업장으로 파급될 우려가 있는 경우

(2) 자연재해는 태풍, 폭우 및 지진 등 천재지변이 발생한 경우를 말한다.

2. 비상경보의 종류

① 경계경보
② 가스누출경보
③ 대피경보
④ 화재경보
⑤ 해제경보

제3장 화공 안전운전 · 점검

1. 공정안전보고서 작성, 심사, 확인

(1) 공정안전보고서의 작성

1) **사업주**는 사업장에 대통령령으로 정하는 유해하거나 위험한 설비가 있는 경우 그 설비로부터의 위험물질 누출, 화재 및 폭발 등으로 인하여 사업장 내의 근로자에게 즉시 피해를 주거나 사업장 인근 지역에 피해를 줄 수 있는 사고로서 대통령령으로 정하는 사고("**중대산업사고**")를 예방하기 위하여 대통령령으로 정하는 바에 따라 **공정안전보고서를 작성하고 고용노동부장관에게 제출하여 심사를 받아야 한다.** 이 경우 공정안전보고서의 내용이 중대산업사고를 예방하기 위하여 **적합하다고 통보받기 전에는 관련된 유해하거나 위험한 설비를 가동해서는 아니된다.** ✘

2) 사업주는 공정안전보고서를 작성할 때 산업안전보건위원회의 심의를 거쳐야 한다. 다만, 산업안전보건위원회가 설치되어 있지 아니한 사업장의 경우에는 근로자대표의 의견을 들어야한다. ✘

(2) 공정안전보고서의 제출 대상 ✘✘✘

① 원유 정제처리업
② 기타 **석유정제물 재처리업**
③ 석유화학계 기초화학물 제조업 또는 합성수지 및 기타 플라스틱 물질 제조업
④ **질소 화합물**, 질소 · 인산 및 칼리질 화학비료 제조업 중 **질소질 비료 제조**
⑤ 복합비료 및 기타 화학비료 제조업 중 **복합비료 제조**(단순혼합 또는 배합에 의한 경우는 제외한다)
⑥ **화학 살균 · 살충제 및 농업용 약제 제조업**[농약 원제(原劑) 제조만 해당한다]
⑦ **화약 및 불꽃제품 제조업**

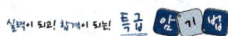

화재 · 폭발 – 원유, 석유정제물, 화약 및 불꽃제품
중독 · 질식 – 농약, 비료(복합비료, 질소질 비료)

설비의 주요 부분을 변경함으로써 공정안전보고서를 제출하여야 하는 경우 ✄

① 생산량의 증가, 원료 또는 제품의 변경을 위하여 반응기(관련설비 포함)를 교체 또는 추가로 설치하는 경우
② 변경된 생산설비 및 부대설비의 해당 전기정격용량이 300킬로와트 이상 증가한 경우 (유해·위험물질의 누출·화재·폭발과 무관한 자동화창고·조명설비 등은 제외)
③ 플레어스택을 설치 또는 변경하는 경우

(3) **다음 각 호의 설비는 유해·위험설비로 보지 아니한다.**

공정안전보고서 제출 제외 대상 설비 ✄

① 원자력 설비
② 군사시설
③ 사업주가 해당 사업장 내에서 직접 사용하기 위한 난방용 연료의 저장설비
④ 도매·소매시설
⑤ 차량 등의 운송설비
⑥ 「액화석유가스의 안전관리 및 사업법」에 따른 액화석유가스의 충전·저장시설
⑦ 「도시가스사업법」에 따른 가스공급시설
⑧ 그 밖에 고용노동부장관이 누출·화재·폭발 등으로 인한 피해의 정도가 크지 않다고 인정하여 고시하는 설비

(4) **공정안전보고서의 내용** ✄✄✄
① 공정안전자료
② 공정위험성 평가서
③ 안전운전계획
④ 비상조치계획
⑤ 그 밖에 공정상의 안전과 관련하여 노동부장관이 필요하다고 인정하여 고시하는 사항

(5) **공정안전보고서의 제출 시기**

사업주는 유해·위험설비의 설치·이전 또는 주요 구조부분의 변경공사의 착공 30일 전까지 공정안전보고서를 2부 작성하여 공단에 제출하여야 한다. ✄

제4장 화재·폭발 검토

1. 연소의 3요소 ✿

① 가연물, ② 열 or 점화원, ③ 산소(공기)

2. 인화점(인화온도) ✿

① 인화성 액체가 증발하여 공기 중에서 연소하한농도 이상의 혼합기체를 생성할 수 있는 가장 낮은 온도
② 가연성 액체의 액면 가까이에서 인화하는데 충분한 농도의 증기를 발산하는 최저온도
③ 공기 중에서 그 액체의 표면 부근에서 불꽃의 전파가 일어나기에 충분한 농도의 증기를 발생시키는 최저온도

3. 발화점(발화온도) ✿

① 착화원 없이 가연성 물질을 대기 중에서 가열함으로써 스스로 연소 혹은 폭발을 일으키는 최저온도
② 가연성물질을 공기나 산소 중에서 가열한 후 발화 또는 폭발을 일으키기 시작하는 최저온도

4. 연소의 분류

(1) 기체, 액체, 고체의 연소의 형태 ✿✿

기체의 연소	확산연소	가연성 가스가 공기 중에 확산되어 연소하는 형태 예 대부분 가스의 연소
액체의 연소	증발연소	액체 자체가 연소되는 것이 아니라 액체 표면에서 발생하는 증기가 연소하는 형태 예 대부분 액체의 연소

고체의 연소	표면연소	가연성 가스를 발생하지 않고 **물질 그 자체가 연소**하는 형태 예 **코크스, 목탄, 금속분** 등
	분해연소	가열 분해에 의해 발생된 가연성 가스가 공기와 혼합되어 **연소**하는 형태 예 목재, 종이, **석탄**, 플라스틱 등 **일반 가연물**
	증발연소	고체가연물의 가열에 의해 발생한 **가연성 증기가 연소**하는 형태 예 **황, 나프탈렌**
	자기연소	자체 내 산소를 함유하고 있어 **공기 중 산소를 필요치 않고 연소**하는 형태 예 **니트로 화합물, 다이너마이트** 등

(2) **자연발화** ✪ : 외부 점화원 없이 자체의 열에 의해 발화하는 현상

(3) **자연발화를 일으키는 열의 종류** ✪

① 산화열에 의한 발열 : 석탄, 원면, 건성유 등
② 분해열에 의한 발열 : 셀룰로이드, 니트로셀룰로오스
③ 흡착열에 의한 발열 : 활성탄, 목탄 등
④ 미생물에 의한 발열 : 퇴비, 먼지 등

(4) **자연발화가 되기 쉬운 조건** ✪

① 표면적이 넓을 것
② 열전도율이 적을 것
③ 주위의 온도가 높을 것
④ 발열량이 클 것
⑤ 수분이 적당량 존재할 것

(5) **자연발화 방지법** ✪

① 저장소의 온도를 낮출 것
② 산소와의 접촉을 피할 것
③ 통풍 및 환기를 철저히 할 것
④ 습도가 높은 곳에는 저장하지 말 것

(6) 혼합위험의 특성

① 가압 하에서 발화지연이 짧다.
② 주위온도보다 발화온도가 낮아지면 발화지연이 짧다.
③ 혼합물인 경우 단독물의 혼합보다 발화지연이 짧아진다.
④ 햇빛이나 기타의 빛으로 광분해 반응이 수반될 수 있다.

5. 연소범위(폭발범위)

(1) **폭발 하한계** : 폭발이 시작되는 최저의 용량비를 말한다.
(2) **폭발 상한계** : 폭발이 계속되는 최고의 용량비를 말한다.
(3) **온도, 압력과의 관계**
   ① 압력 상승 시는 하한계는 불변, 상한계는 상승한다.
   ② 온도 상승 시는 하한계는 약간 하강, 상한계는 상승한다.
   ③ 폭발 하한계가 낮을수록, 폭발 상한계는 높을수록 폭발범위가 넓어져 **위험**하다.

6. 위험도의 계산

$$위험도(H) = \frac{U_2 - U_1}{U_1}$$

여기서, U_1 : 폭발 하한계(%) U_2 : 폭발 상한계(%)

7. 완전연소 조성농도(화학양론농도, 이론산소농도)

$$C_{st}(Vol\%) = \frac{100}{1 + 4.773\left(n + \dfrac{m - f - 2\lambda}{4}\right)}$$

여기서, n : 탄소, m : 수소, f : 할로겐원소, λ : 산소의 원자 수, 4.773 : 공기의 몰 수

8. 소화방법

(1) **제거 소화** : 가연물의 제거에 의한 소화방법
   예 • 촛불을 입으로 불어끈다.

- 산불이 진행되는 방향의 나무를 제거한다.
- 가스화재나 전기화재 시 가스공급 밸브나 차단기를 닫는다.

(2) **질식소화** : 가연물이 연소할 때 공기 중의 산소농도를 21%에서 15% 이하로 낮추어 소화하는 방법

예
- 분말소화기
- 포소화기
- 이산화탄소(CO_2)소화기
- 물의 분무 등

(3) **냉각소화** : 가연물의 온도를 떨어뜨려 소화하는 방법 or 물의 증발 잠열을 이용하는 방법

예
- 물
- 산알칼리 소화기
- 강화액 소화기

(4) **억제효과(부촉매 효과)** : 연소반응을 억제하는 부촉매를 이용하는 소화방법

예
- 할로겐 화합물 소화기(할론 소화기)

9. 소화기의 종류

(1) **화재의 분류 및 소화방법** ✭✭✭

분 류	구분색	가연물	주된 소화 효과	적응 소화제
A급 화재	백색	일반 가연물 화재	냉각 효과	물, 강화액소화기, 산·알칼리소화기
B급 화재	황색	유류 화재	질식 효과	포 소화기, CO_2소화기, 분말소화기
C급 화재	청색	전기 화재	질식, 억제효과	CO_2소화기, 분말소화기, 할로겐 화합물 소화기
D급 화재	표시없음 (무색)	금속 화재	질식 효과	건조사, 팽창 질석, 팽창 진주암

(2) 소화효과에 따른 소화기의 종류
  ① 냉각소화 효과
    ㉠ 물소화기
    ㉡ 산, 알칼리 소화기
    ㉢ 강화액 소화기 : 부동액을 첨가하여 물의 동해를 방지한 소화기이다.
  ② 질식소화 효과
    ㉠ 분말소화기 : A,B,C급 분말 소화기(제1인산암모늄을 충전), B,C 분말 소화기
    ㉡ 이산화탄소 소화기(탄산가스 소화기) : 이산화탄소(CO_2)를 액화시켜 철제 용기에 넣은 것. 피부에 닿으면 동상이 우려되므로 주의해야 한다. 무창층, 지하층, 밀폐된 거실 등에서는 질식이 우려되므로 사용을 금지한다.
    ㉢ 포 소화기 : 거품이 연소면을 덮어 질식 및 냉각에 의해 소화한다.
  ③ 억제효과(부촉매효과)
    ㉠ 할로겐 화합물 소화기 : 공기 중 오존층을 파괴하는 물질로 사용이 규제

할로겐 화합물 소화약제의 종류
- 하론 1301(CF_3Br)
- 하론 1211(CF_2ClBr) : 무색, 무취이며 전기적으로 부전도성인 기체이다.
- 하론 2402($C_2F_4Br_2$)
- 하론 1011(CH_2ClBr)
- 하론 1040(CCl_4) 또는 사염화탄소(CTC)

    ㉡ 사염화탄소 소화기(CTC)는 실내에서는 포스겐가스($COCl_2$)에 의한 중독 위험이 있다.
    ㉢ • 부촉매 효과 : I > Br > Cl > F
       • 안정성 : F > Cl > Br > I

(3) 감지기 종류
  ① 열감지기 : 차동식감지기(스폿형, 분포형), 정온식감지기(스폿형, 감지선형), 보상식감지기(스폿형)
  ② 연기감지기 : 이온화식, 광전식

10. 폭굉파

충격파(shock wave)의 일종으로 화염의 전파속도가 음속 이상일 경우이며 그 속도가 1,000~3,500m/sec에 이른다.

폭굉유도거리(DID)가 짧아지는 요인 ✗

- 점화에너지가 강할수록 짧다.
- 연소속도가 큰 가스일수록 짧다.
- 관경이 가늘거나 관 속에 이물질 있을 경우 짧다.
- 압력이 높을수록 짧다.

11. 폭발의 분류

(1) 폭발 원인물질의 상태에 의한 분류

① 기상폭발
  ㉠ 가스폭발, ㉡ 분무폭발, ㉢ 분진폭발

[분진폭발의 발생 순서 ✗]

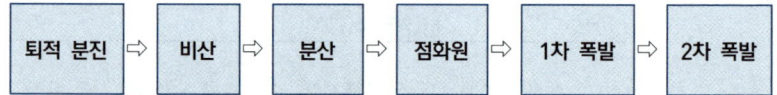

퇴적 분진 ⇨ 비산 ⇨ 분산 ⇨ 점화원 ⇨ 1차 폭발 ⇨ 2차 폭발

[분진폭발에 영향을 미치는 인자 ✗]

① 입도와 입도분포	입자가 작고 표면적이 클수록 폭발이 용이하다.
② 분진의 화학적 성분과 반응성	발열량이 클수록, 휘발성분이 많을수록 폭발이 용이하다.
③ 입자의 형상과 표면의 상태	입자의 형상이 구형(求刑)일수록 폭발성이 약하고 입자의 표면이 산소에 대한 활성을 가질수록 폭발성이 높다.
④ 분진 속의 수분	분진 속에 수분이 있으면 부유성 및 정전기 대전성을 감소시켜 폭발의 위험이 낮아진다.
⑤ 분진의 부유성	분진의 부유성이 클수록 공기 중 체류시간이 길어져 폭발이 용이하다.

[가스폭발과 분진폭발의 비교 ✈]

가스폭발	· 화염이 크다. · 연소속도가 빠르다.
분진폭발	· 폭발압력, 에너지가 크다. · 연소시간이 길다. · 불완전연소로 인한 중독(CO)이 발생한다. · 주위의 분진에 의해 2차, 3차의 폭발로 파급될 수 있다.

② 응상폭발 : 고상과 액상의 총칭이다.
  ㉠ 수증기폭발
  ㉡ 증기폭발
  ㉢ 전선폭발

12. 가스누출감지 경보기의 설치

하나의 감지대상 가스가 가연성이면서 독성인 경우에는 독성가스를 기준하여 가스누출감지 경보기를 선정한다.

13. 폭발재해의 근본대책 ✈

① 폭발봉쇄
② 폭발억제
③ 폭발방산

14. 폭발하한계 및 상한계의 계산

(1) 혼합 가스의 폭발 범위

폭발 범위(폭발 상한계, 하한계)의 계산 : 르 샤틀리에의 공식 ★★

$$\frac{100}{L} = \frac{V_1}{L_1} + \frac{V_2}{L_2} + \frac{V_3}{L_3} \cdots (\text{Vol\%}) \Rightarrow L = \frac{100}{\dfrac{V_1}{L_1} + \dfrac{V_2}{L_2} + \dfrac{V_3}{L_3} \cdots}$$

여기서, L : 혼합가스의 폭발하한계(상한계)
L_1, L_2, L_3 : 단독가스의 폭발하한계(상한계)
V_1, V_2, V_3 : 단독가스의 공기 중 부피
$100 : V_1 + V_2 + V_3 + \cdots$ (단독가스 부피의 합)

폭발범위의 계산 : Jones식

1. 폭발하한계 $= 0.55 \times$ Cst
2. 폭발상한계 $= 3.50 \times$ Cst

여기서, $C_{st}(Vol\%) = \dfrac{100}{1 + 4.773\left(n + \dfrac{m - f - 2\lambda}{4}\right)}$

(n : 탄소, m : 수소, f : 할로겐원소, λ : 산소의 원자 수)

완전 연소 조성 농도(화학양론농도, 이론산소농도) ★★

$$C_{st}(Vol\%) = \frac{100}{1 + 4.773\left(n + \dfrac{m - f - 2\lambda}{4}\right)}$$

여기서, n : 탄소, m : 수소, f : 할로겐원소, λ : 산소의 원자 수

(2) 최소산소농도(MOC농도) = 화염을 전파하기 위한 최소한의 산소농도

최소 산소농도 ★★

$$\text{MOC농도} = \text{폭발하한계} \times \frac{\text{산소의 몰수}}{\text{연료의 몰수}} (Vol\%)$$

건설공사 안전 관리

제1장 건설공사 특성분석

1. 건설업 등의 산업재해 예방

(1) 건설공사발주자의 산업재해 예방 조치

총 공사금액이 50억 원 이상인 건설공사발주자는 산업재해 예방을 위하여 건설공사의 계획, 설계 및 시공 단계에서 다음 각 호의 구분에 따른 조치를 하여야 한다.

건설공사 계획단계	해당 건설공사에서 중점적으로 관리하여야할 유해·위험요인과 이의 감소방안을 포함한 기본 안전보건대장을 작성할 것
건설공사 설계단계	기본안전보건대장을 설계자에게 제공하고, 설계자로 하여금 유해·위험요인의 감소방안을 포함한 설계안전보건대장을 작성하게 하고 이를 확인할 것
건설공사 시공단계	건설공사발주자로부터 건설공사를 최초로 도급받은 수급인에게 설계안전보건대장을 제공하고, 그 수급인에게 이를 반영하여 안전한 작업을 위한 공사안전보건대장을 작성하게 하고 그 이행 여부를 확인할 것

(2) 산업재해 예방을 위하여 필요한 조치를 하여야 하는 장소

사업주는 근로자가 다음 각 호의 어느 하나에 해당하는 장소에서 작업을 할 때 발생할 수 있는 산업재해를 예방하기 위하여 필요한 조치를 하여야 한다.

① 근로자가 추락할 위험이 있는 장소
② 토사·구축물 등이 붕괴할 우려가 있는 장소
③ 물체가 떨어지거나 날아올 위험이 있는 장소
④ 천재지변으로 인한 위험이 발생할 우려가 있는 장소

2. 지반의 조사

(1) 지하탐사법
(2) Sounding Test
① 표준관입시험(standard penetration test) ✈
  ㉠ 표준 샘플러 63.5[kg]의 해머로 75[cm]의 높이에서 낙하시켜 관입량 30[cm]에 달하는데 요하는 타격횟수로서 사질지반(모래)의 밀도를 측정하는 방법이다.
  ㉡ 타격횟수의 값이 클수록 밀실한 토질이다.

타격횟수에 따른 지반의 판정 ✈	· 타격횟수 4회 미만 : 대단히 연약한 지반 · 타격횟수 4~10회 : 연약한 지반 · 타격횟수 10~30회 : 보통 지반 · 타격횟수 30~50회 : 밀실한 지반 · 타격횟수 50회 이상 : 대단히 밀실한 지반

② 베인 테스트(vane test) ✈
  보링 구멍을 이용하여 십자 날개형의 베인 테스터를 지반에 박고 이것을 회전시켜 그 회전력에 의하여 점토(진흙)의 점착력을 판별하는 방법이다.

③ 보링(Boring)
  ㉠ 보링(boring)시 주의사항
   • 보링의 깊이는 경미한 건물은 **기초 폭의 1.5~2.0배**, 지지층 이상으로 한다.
   • **간격은 약 30[m]로 하고 중간지점은 물리적 탐사법을 이용**한다.
   • **한 장소에서 3개소 이상** 실시한다.
   • 보링 구멍은 **수직으로 판다**.
   • 채취 시료는 **충분히 양생**해야 한다.
  ㉡ **보링(boring)의 종류** ✈
   • 회전식 보링(rotary boring) : **천공날을 회전시켜 천공**하는 공법으로 **가장 많이 사용되는 방법**이다.
   • 수세식 보링(wash boring) : 보링내 선단에서 **물을 뿜어내어 나온 진흙물을 침전**시켜 토질을 **분석**하는 방법으로 깊은 지층조사가 가능하다.
   • 충격식 보링(percussion boring) : 낙하, **충격에 의해 파쇄되는 토사나 암석**을 이용하여 **분석**하는 방법이다.

- 오거 보링(auger boring) : 송곳(auger)을 이용해 **깊이 10[m] 이내의 시추**에 사용되며 **얕은 점토층의 분석**에 사용된다.

④ 샘플링(Sampling) : 불교란시료, Thin Wall Sampling(연약점토, 사질지반에 적합), Composite Sampling, Dension Sampling, Foil Sampling

3. 지반의 이상현상 및 안전대책

(1) 사질토와 점토의 개량공법

사질토(모래)의 개량공법 ✈	· 다짐말뚝공법 · 바이브로 플로테이션 · 약액주입공법	· 다짐모래말뚝공법 · 전기충격공법 · 웰포인트공법
점성토의 개량공법 ✈	· 치환공법 · 재하공법 · 생석회말뚝공법	· 탈수공법 · 압성토공법

(2) 히빙(Heaving)현상 ✈✈✈

① **연약한 점토지반**에서 굴착에 의한 흙막이 내·외면의 **흙의 중량차이(토압)**로 인해 **굴착저면의 흙이 부풀어 올라오는 현상**을 말한다.
② 흙막이 바깥흙이 안으로 밀려든다.

히빙 발생원인	① 배면지반과 터파기 저면과의 **토압차** ② **연약지반 및 하부지반의 강성 부족** ③ 지표면의 토사적치 등 과재하 ④ 흙막이 밑둥넣기 부족
히빙현상 방지책 ✈	① 양질의 재료로 지반을 개량한다(흙의 전단강도 높인다). ② 어스앵커 설치 ③ 시트파일 등의 근입심도 검토(**흙막이 벽체의 근입깊이를 깊게 한다**) ④ 굴착주변에 웰포인트 공법을 병행한다. ⑤ **소단을 두면서 굴착한다.** ⑥ 굴착주변의 **상재하중을 제거** ⑦ 굴착저면에 **토사 등의 인공중력을 가중시킴** ⑧ 토류벽의 배면토압을 경감시키고, 약액주입공법 및 탈수공법을 적용

(3) 보일링(Boiling)현상 ✯✯

① 사질토 지반에서 굴착저면과 흙막이 배면과의 **수위차이**로 인해 굴착저면의 흙과 물이 함께 위로 솟구쳐 오르는 현상(모래의 액상화 현상)을 말한다.
② 모래가 액상화되어 솟아오른다.

보일링 발생원인 ✯	보일링현상 방지책 ✯✯
• 배면지반과 터파기 저면과의 **수위 차**	• 지하수위 저하
• 포화지반 및 지하수위가 높은 경우	• 지하수 흐름 변경
• 사질지반 및 파이핑의 형성	• 근입벽을 깊게 한다.
• 흙막이 밑둥넣기 부족	• 작업중지

제2장 건설공사 위험성

1. 유해위험방지계획서 제출 대상(건설공사) ✯✯✯

① 다음 각 목의 어느 하나에 해당하는 건축물 또는 시설 등의 건설·개조 또는 해체공사
   가. **지상높이가 31미터 이상**인 건축물 또는 인공구조물
   나. **연면적 3만 제곱미터 이상**인 건축물
   다. **연면적 5천 제곱미터 이상**인 시설로서 다음의 어느 하나에 해당하는 시설
      1) 문화 및 집회시설(전시장 및 동물원·식물원은 제외한다)
      2) 판매시설, 운수시설(고속철도의 역사 및 집배송시설은 제외한다)
      3) 종교시설
      4) 의료시설 중 종합병원
      5) 숙박시설 중 관광숙박시설
      6) 지하도상가
      7) 냉동·냉장 창고시설
② **연면적 5천제곱미터 이상의 냉동·냉장창고시설의 설비공사 및 단열공사**
③ **최대 지간길이**(다리의 기둥과 기둥의 중심사이의 거리)**가 50미터 이상인 교량건설** 등 공사
④ **터널 건설** 등의 공사

⑤ 다목적댐, 발전용댐 및 저수용량 2천만톤 이상의 용수 전용 댐, 지방상수도 전용 댐 건설
⑥ 깊이 10미터 이상인 굴착공사

- 지상높이 31m, 연면적 3만m², 사람 많은 시설 연면적 5,000m²
- 연면적 5,000m² 냉동·냉장창고시설
- 최대 지간길이가 50미터 이상 교량
- 터널
- 저수용량 2천만 톤 이상 댐
- 10미터 이상인 굴착

2. 유해위험 방지계획서 심사 결과의 구분 ✿✿

적정	근로자의 안전과 보건을 위하여 필요한 조치가 구체적으로 확보되었다고 인정되는 경우
조건부 적정	근로자의 안전과 보건을 확보하기 위하여 일부 개선이 필요하다고 인정되는 경우
부적정	기계·설비 또는 건설물이 심사기준에 위반되어 공사착공 시 중대한 위험 발생의 우려가 있거나 계획에 근본적 결함이 있다고 인정되는 경우

3. 유해위험방지계획서 제출 시 첨부서류 ✿

사업주가 건설공사에 해당하는 유해·위험방지계획서를 제출하려면 건설공사 유해·위험방지계획서 다음 각 호 서류를 첨부하여 해당 공사의 착공 전날까지 공단에 2부를 제출하여야 한다.

(1) 공사 개요 및 안전보건관리계획
① 공사 개요서
② 공사현장의 주변 현황 및 주변과의 관계를 나타내는 도면
   (매설물 현황을 포함한다)
③ 건설물, 사용 기계설비 등의 배치를 나타내는 도면
④ 전체 공정표
⑤ 산업안전보건관리비 사용계획
⑥ 안전관리 조직표
⑦ 재해 발생 위험 시 연락 및 대피방법

(2) 작업 공사 종류별 유해·위험방지계획

4. 사전조사 및 작업계획서의 작성

(1) 사전조사 및 작업계획서를 작성하여야 하는 작업 ☆☆
  ① 타워크레인을 설치·조립·해체하는 작업
  ② 차량계 하역운반기계등을 사용하는 작업(화물자동차를 사용하는 도로상의 주행작업은 제외한다)
  ③ 차량계 건설기계를 사용하는 작업
  ④ 화학설비와 그 부속설비를 사용하는 작업
  ⑤ 전기작업(해당 전압이 50볼트를 넘거나 전기에너지가 250볼트암페어를 넘는 경우로 한정한다)
  ⑥ 굴착면의 높이가 2미터 이상이 되는 지반의 굴착작업
  ⑦ 터널굴착작업
  ⑧ 교량(상부구조가 금속 또는 콘크리트로 구성되는 교량으로서 그 높이가 5미터 이상이거나 교량의 최대 지간 길이가 30미터 이상인 교량으로 한정한다)의 설치·해체 또는 변경 작업
  ⑨ 채석작업
  ⑩ 구축물, 건축물, 그 밖의 시설물 등의 해체작업
  ⑪ 중량물의 취급작업
  ⑫ 궤도나 그 밖의 관련 설비의 보수·점검작업
  ⑬ 열차의 교환·연결 또는 분리 작업("입환작업")

[사전조사 및 작업계획서 내용 ✰✰]

작업명	사전조사 내용	작업계획서 내용
1. 타워크레인을 설치·조립·해체하는 작업 ✰✰	–	가. **타워크레인의 종류 및 형식** 나. **설치·조립 및 해체순서** 다. **작업도구·장비·가설설비(假設設備) 및 방호설비** 라. **작업인원의 구성 및 작업근로자의 역할 범위** 마. **타워크레인의 지지 방법**
2. 차량계 하역운반기계 등을 사용하는 작업	–	가. 해당 작업에 따른 추락·낙하·전도·협착 및 붕괴 등의 위험 예방대책 나. 차량계 하역운반기계 등의 운행경로 및 작업방법
3. 차량계 건설기계를 사용하는 작업 ✰✰	해당 기계의 굴러 떨어짐, 지반의 붕괴 등으로 인한 근로자의 위험을 방지하기 위한 해당 작업장소의 지형 및 지반상태	가. 사용하는 **차량계 건설기계의 종류 및 성능** 나. **차량계 건설기계의 운행경로** 다. 차량계 건설기계에 의한 **작업방법**
4. 굴착작업 ✰✰	가. **형상·지질 및 지층의 상태** 나. **균열·함수(含水)·용수 및 동결의 유무 또는 상태** 다. **매설물 등의 유무 또는 상태** 라. **지반의 지하수위 상태**	가. 굴착방법 및 순서, 토사 반출 방법 나. 필요한 인원 및 장비 사용계획 다. 매설물 등에 대한 이설·보호대책 라. 사업장 내 연락방법 및 신호방법 마. 흙막이 지보공 설치방법 및 계측계획 바. 작업지휘자의 배치계획 사. 그 밖에 안전·보건에 관련된 사항
5. 터널굴착작업 ✰✰	보링(boring) 등 적절한 방법으로 낙반·출수(出水) 및 가스폭발 등으로 인한 근로자의 위험을 방지하기 위하여 미리 지형·지질 및 지층상태를 조사	가. 굴착의 방법 나. **터널지보공 및 복공(覆工)의 시공방법과 용수(湧水)의 처리방법** 다. **환기 또는 조명시설을 설치할 때에는 그 방법**

작업명	사전조사 내용	작업계획서 내용
6. 교량작업	-	가. 작업 방법 및 순서 나. 부재(部材)의 낙하·전도 또는 붕괴를 방지하기 위한 방법 다. 작업에 종사하는 근로자의 추락 위험을 방지하기 위한 안전조치 방법 라. 공사에 사용되는 가설 철구조물 등의 설치·사용·해체 시 안전성 검토 방법 마. 사용하는 기계 등의 종류 및 성능, 작업방법 바. 작업지휘자 배치계획 사. 그 밖에 안전·보건에 관련된 사항
7. 채석작업 ✖	지반의 붕괴·굴착기계의 굴러 떨어짐 등에 의한 근로자에게 발생할 위험을 방지하기 위한 해당 작업장의 지형·지질 및 지층의 상태	가. 노천굴착과 갱내굴착의 구별 및 채석방법 나. 굴착면의 높이와 기울기 다. 굴착면 소단(小段)의 위치와 넓이 라. 갱내에서의 낙반 및 붕괴방지 방법 마. 발파방법 바. 암석의 분할방법 사. 암석의 가공장소 아. 사용하는 굴착기계·분할기계·적재기계 또는 운반기계(이하 "굴착기계 등"이라 한다)의 종류 및 성능 자. 토석 또는 암석의 적재 및 운반방법과 운반경로 차. 표토 또는 용수(湧水)의 처리방법
8. 구축물, 건축물, 그 밖의 시설물 등의 해체작업 ✖✖	해체건물 등의 구조, 주변 상황 등	가. 해체의 방법 및 해체 순서도면 나. 가설설비·방호설비·환기설비 및 살수·방화설비 등의 방법 다. 사업장 내 연락방법 라. 해체물의 처분계획 마. 해체작업용 기계·기구 등의 작업계획서 바. 해체작업용 화약류 등의 사용계획서 사. 그 밖에 안전·보건에 관련된 사항
9. 중량물의 취급작업	-	가. 추락위험을 예방할 수 있는 안전대책 나. 낙하위험을 예방할 수 있는 안전대책 다. 전도위험을 예방할 수 있는 안전대책 라. 협착위험을 예방할 수 있는 안전대책 마. 붕괴위험을 예방할 수 있는 안전대책

(2) 작업지휘자를 지정하여야 하는 작업 ✈
    ① 차량계 하역운반기계 등을 사용하는 작업(화물자동차를 사용하는 도로상의 주 행작업은 제외한다)
    ② 굴착면의 높이가 2미터 이상이 되는 지반의 굴착작업
    ③ 교량(상부구조가 금속 또는 콘크리트로 구성되는 교량으로서 그 높이가 5미터 이상이거나 교량의 최대 지간 길이가 30미터 이상인 교량으로 한정한다)의 설치·해체 또는 변경 작업
    ④ 중량물의 취급작업
    ⑤ 항타기나 항발기를 조립·해체·변경 또는 이동하여 작업을 하는 경우

(3) 일정한 신호방법을 정하여야 하는 작업 ✈
    ① 양중기(揚重機)를 사용하는 작업
    ② 차량계 하역운반기계의 유도자를 배치하는 작업
    ③ 차량계 건설기계의 유도자를 배치하는 작업
    ④ 항타기 또는 항발기의 운전작업
    ⑤ 중량물을 2명 이상의 근로자가 취급하거나 운반하는 작업
    ⑥ 양화장치를 사용하는 작업
    ⑦ 궤도작업차량의 유도자를 배치하는 작업
    ⑧ 입환작업(入換作業)

5. 재해발생 위험이 높다고 판단되어 설계변경을 요청할 수 있는 경우 ✈

① 높이 31미터 이상인 비계(飛階)
② 작업발판 일체형 거푸집 또는 높이 5미터 이상인 거푸집 동바리
③ 터널의 지보공(支保工) 또는 높이 2미터 이상인 흙막이 지보공
④ 동력을 이용하여 움직이는 가설구조물

제3장. 건설업 산업안전보건관리비 관리

1. 산업안전보건관리비 계상 및 사용

(1) 적용범위

산업안전보건법 제2조 제11호의 **건설공사 중 총 공사금액 2천만 원 이상인 공사에 적용**한다. 다만, 단가계약에 의하여 행하는 공사에 대하여는 총 계약금액을 기준으로 적용한다.

(2) 산업안전보건관리비의 사용

1) **건설공사 도급인은** 산업안전보건관리비를 사용하는 해당 **건설공사의 금액이 4천만원 이상인 때에는 매월**(건설공사가 1개월 이내에 종료되는 사업의 경우에는 해당 건설공사가 끝나는 날이 속하는 달을 말한다) **사용명세서를 작성하고, 건설공사 종료 후 1년 동안 보존해야 한다.**

2) **공사금액 1억원 이상 120억원**(토목공사업에 속하는 공사는 150억원) **미만인 공사와** 「건축법」에 따른 **건축허가의 대상이 되는 공사**의 건설공사발주자 또는 건설공사도급인(건설공사발주자로부터 건설공사를 최초로 도급받은 수급인은 제외한다)은 해당 건설공사를 착공하려는 경우 **건설재해예방전문지도기관과 건설 산업재해 예방을 위한 지도계약을 체결**하여야 한다. 다만, 다음 각 호의 어느 하나에 해당하는 공사는 제외한다.

> **산업안전보건관리비 사용 시 재해예방 전문지도기관의 지도를 받지 않아도 되는 공사**
>
> - 공사기간이 1개월 미만인 공사
> - 육지와 연결되지 아니한 섬지역(제주특별자치도는 제외)에서 이루어지는 공사
> - 사업주가 **안전관리자의 자격을 가진 사람을 선임**(같은 광역 자치단체의 지역 내에서 같은 사업주가 경영하는 셋 이하의 공사에 대하여 공동으로 안전관리자 자격을 가진 사람 1명을 선임한 경우를 포함)하여 **안전관리자의 업무만을 전담**하도록 하는 공사
> - **유해·위험방지계획서를 제출하여야 하는 공사**

3) 수급인 또는 자기공사자는 **산업안전보건관리비 사용내역에 대하여 공사 시작 후 6개월마다 1회 이상 발주자 또는 감리원의 확인**을 받아야 한다. 다만, 6개월 이내에 공사가 종료되는 경우에는 종료 시 확인을 받아야 한다.

(3) 산업안전보건관리비 계상기준

① 발주자가 도급계약 체결을 위한 원가계산에 의한 예정가격을 작성하거나, 자기 공사자가 건설공사 사업 계획을 수립할 때에는 산업안전보건관리비를 계상하여야 한다. 다만, **발주자가 재료를 제공하거나 일부 물품이 완제품의 형태로 제작·납품되는 경우에는 해당 재료비 또는 완제품 가액을 대상액에 포함하여 산출한 산업안전보건관리비와 해당 재료비 또는 완제품 가액을 대상액에서 제외하고 산출한 산업안전보건관리비의 1.2배에 해당하는 값을 비교하여 그 중 작은 값 이상의 금액으로 계상한다.**

> ① 발주자의 재료비 포함 산업안전보건관리비
> ② 발주자의 재료비 제외한 산업안전보건관리비×1.2
> ①, ② 중 작은 값 이상으로 한다.

산업안전보건관리비의 계상

1. **대상액이 5억 원 미만 또는 50억 원 이상**
   산업안전보건관리비 = 대상액(재료비 + 직접 노무비) × 비율

2. **대상액이 5억 원 이상 50억 원 미만**
   산업안전보건관리비 = 대상액(재료비 + 직접 노무비) × 비율 + 기초액(C)

3. **대상액이 명확하지 않은 경우**
   도급계약 또는 자체사업계획상 책정된 **총 공사금액의 10분의 7에 해당하는 금액을 대상액**으로 하고 제1호 및 제2호에서 정한 기준에 따라 계상

[공사종류 및 규모별 산업안전보건관리비 계상기준표]

구 분 공사 종류	대상액 5억 원 미만인 경우 적용비율(%)	대상액 5억 원 이상 50억 원 미만인 경우		대상액 50억 원 이상인 경우 적용비율(%)	보건관리자 선임 대상 건설공사의 적용비율(%)
		적용비율(%)	기초액		
건축공사	3.11(%)	2.28(%)	4,325천원	2.37(%)	2.64(%)
토목공사	3.15(%)	2.53(%)	3,300천원	2.60(%)	2.73(%)
중건설공사	3.64(%)	3.05(%)	2,975천원	3.11(%)	3.39(%)
특수건설공사	2.07(%)	1.59(%)	2,450천원	1.64(%)	1.78(%)

② 발주자는 계상한 산업안전보건관리비를 입찰공고 등을 통해 입찰에 참가하려는 자에게 알려야 한다.
③ 발주자와 건설공사도급인 중 자기공사자를 제외하고 발주자로부터 해당 건설공사를 최초로 도급받은 수급인(도급인)은 공사계약을 체결할 경우 계상된 산업안전보건관리비를 공사도급계약서에 별도로 표시하여야 한다.
④ 하나의 사업장 내에 건설공사 종류가 둘 이상인 경우(분리발주한 경우를 제외한다)에는 공사금액이 가장 큰 공사종류를 적용한다.
⑤ 발주자 또는 자기공사자는 설계변경 등으로 대상액의 변동이 있는 경우 지체 없이 산업안전보건관리비를 조정 계상하여야 한다. 다만, 설계변경으로 공사금액이 800억 원 이상으로 증액된 경우에는 증액된 대상액을 기준으로 재 계상한다.

2. 산업안전보건관리비의 항목별 사용내역 및 기준

(1) 산업안전보건관리비의 사용 내역 ✡✡

① 안전관리자·보건관리자 임금 등
② 안전시설비 등
③ 보호구 등
④ 안전보건 진단비 등
⑤ 안전보건 교육비 등
⑥ 근로자 건강장해 예방비 등
⑦ 건설재해예방전문지도기관 기술지도비
⑧ 본사 전담조직 근로자 임금 등
⑨ 위험성 평가 등에 따른 소요비용

(2) 산업안전보건관리비의 세부 사용 항목 ✖✖

1. 안전관리자·보건관리자의 임금 등	① 안전관리 또는 보건관리 업무만을 전담하는 안전관리자 또는 보건관리자의 임금과 출장비 전액(지방고용노동관서에 선임 보고한 날부터 발생한 비용에 한정한다.) ② 안전관리 또는 보건관리 업무를 전담하지 않는 안전관리자 또는 보건관리자의 임금과 출장비의 각각 2분의 1에 해당하는 비용(지방고용노동관서에 선임 보고한 날부터 발생한 비용에 한정한다.) ③ 안전관리자를 선임한 건설공사 현장에서 산업재해 예방 업무만을 수행하는 작업지휘자, 유도자, 신호자 등의 임금 전액 ④ 작업을 직접 지휘·감독하는 직·조·반장 등 관리감독자의 직위에 있는 자가 업무를 수행하는 경우에 지급하는 업무수당(임금의 10분의 1 이내)
2. 안전시설비 등	① 산업재해 예방을 위한 안전난간, 추락방호망, 안전대 부착설비, 방호장치(기계·기구와 방호장치가 일체로 제작된 경우, 방호장치 부분의 가액에 한함) 등 안전시설의 구입·임대 및 설치 등을 위해 소요되는 비용 ② 스마트 안전장비 구입·임대 비용. 다만, 계상된 산업안전보건관리비 총액의 10분의 2를 초과할 수 없다. ③ 용접 작업 등 화재 위험작업 시 사용하는 소화기의 구입·임대비용
3. 보호구 등	① 보호구의 구입·수리·관리 등에 소요되는 비용 ② 근로자가 보호구를 직접 구매·사용하여 합리적인 범위 내에서 보전하는 비용 ③ 안전관리자 등의 업무용 피복, 기기 등을 구입하기 위한 비용 ④ 안전관리자 및 보건관리자가 안전보건 점검 등을 목적으로 건설공사 현장에서 사용하는 차량의 유류비·수리비·보험료
4. 안전보건진단비 등	① 유해위험방지계획서의 작성 등에 소요되는 비용 ② 안전보건진단에 소요되는 비용 ③ 작업환경 측정에 소요되는 비용 ④ 그 밖에 산업재해예방을 위해 법에서 지정한 전문기관 등에서 실시하는 진단, 검사, 지도 등에 소요되는 비용
5. 안전보건교육비 등	① 의무교육이나 이에 준하여 실시하는 교육을 위해 건설공사 현장의 교육 장소 설치·운영 등에 소요되는 비용 ② 산업재해 예방이 주된 목적인 교육을 실시하기 위해 소요되는 비용 ③ 「응급의료에 관한 법률」에 따른 안전보건교육 대상자 등에게 구조 및 응급처치에 관한 교육을 실시하기 위해 소요되는 비용

	④ 안전보건관리책임자, 안전관리자, 보건관리자가 **업무수행을 위해 필요한 정보를 취득하기 위한 목적으로 도서, 정기간행물**을 구입하는 데 소요되는 비용 ⑤ 건설공사 현장에서 **안전기원제 등 산업재해 예방을 기원하는 행사를 개최**하기 위해 소요되는 비용. 다만, 행사의 방법, 소요된 비용 등을 고려하여 사회통념에 적합한 행사에 한한다. ⑥ 건설공사 현장의 **유해·위험요인을 제보하거나 개선방안을 제안한 근로자를 격려하기 위해 지급**하는 비용
6. 근로자 건강장해 예방비 등	① 법·영·규칙에서 규정하거나 그에 준하여 필요로 하는 **각종 근로자의 건강장해 예방에 필요한 비용** ② **중대재해 목격으로 발생한 정신질환을 치료**하기 위해 소요되는 비용 ③ 「감염병의 예방 및 관리에 관한 법률」에 따른 **감염병의 확산 방지를 위한 마스크, 손소독제, 체온계 구입비용 및 감염병병원체 검사**를 위해 소요되는 비용 ④ 휴게시설을 갖춘 경우 온도, 조명 설치·관리기준을 준수하기 위해 소요되는 비용 ⑤ 건설공사 현장에서 근로자 심폐소생을 위해 사용되는 **자동심장충격기(AED) 구입에 소요되는 비용** ⑥ **온열·한랭질환으로부터 근로자 건강장해를 예방하기 위한 임시 휴게시설 설치·해체·임대 비용 및 냉·난방기기의 임대 비용**

7. 건설재해예방전문지도기관의 지도에 대한 대가로 자기공사자가 지급하는 비용

8. 「중대재해 처벌 등에 관한 법률」에 해당하는 건설사업자가 아닌 자가 운영하는 사업에서 **안전보건 업무를 총괄·관리하는 3명 이상으로 구성된 본사 전담조직에 소속된 근로자의 임금 및 업무수행 출장비 전액**. 다만, 산업안전보건관리비 총액의 20분의 1을 초과할 수 없다.

9. 위험성평가 또는 유해·위험요인 개선을 위해 필요하다고 판단하여 산업안전보건위원회 또는 노사협의체에서 사용하기로 **결정한 사항을 이행하기 위한 비용**(산업안전보건위원회 또는 노사협의체가 없는 현장의 경우에는 **안전 및 보건에 관한 협의체에서 결정한 사항을 이행하기 위한 비용**을 말한다.) 계상된 **산업안전보건관리비 총액의 10분의 15를 초과할 수 없다.**

제4장 건설현장 안전시설 관리

1. 추락에 의한 위험방지 조치

(1) 개구부 등의 방호 조치 ✖
① 작업발판 및 통로의 끝이나 개구부로서 **근로자가 추락할 위험이 있는 장소에는 안전난간, 울타리, 수직형 추락방망 또는 덮개 등의 방호 조치를** 충분한 강도를 가진 구조로 튼튼하게 설치하여야 하며, **덮개를 설치하는 경우에는 뒤집히거나 떨어지지 않도록 설치**하여야 한다. 이 경우 어두운 장소에서도 알아볼 수 있도록 개구부임을 표시해야 하며, 수직형 추락방망은 「산업표준화법」에 따른 한국산업표준에서 정하는 성능기준에 적합한 것을 사용해야 한다.
② 난간 등을 설치하는 것이 매우 곤란하거나 작업의 필요상 **임시로 난간 등을 해체하여야 하는 경우 추락방호망을 설치**하여야 한다. 다만, **추락방호망을 설치하기 곤란한 경우에는 근로자에게 안전대를 착용**하도록 하는 등 추락할 위험을 방지하기 위하여 필요한 조치를 하여야 한다.

(2) 지붕 위에서의 위험 방지 ✖
① 지붕의 가장자리에 안전난간을 설치할 것
② 채광창(skylight)에는 견고한 구조의 덮개를 설치할 것
③ 슬레이트 등 강도가 약한 재료로 덮은 **지붕에는 폭 30센티미터 이상의 발판을 설치할 것** ✖

2. 추락방지설비

(1) 추락방호망 ✖✖

1) 추락방호망의 설치기준
① 추락방호망의 설치위치는 가능하면 작업면으로부터 가까운 지점에 설치하여야 하며, **작업면으로부터 망의 설치지점까지의 수직거리는 10미터를 초과하지 아니할 것**
② **추락방호망은 수평으로 설치하고, 망의 처짐은 짧은 변 길이의 12퍼센트 이상**이 되도록 할 것
③ **건축물 등의 바깥쪽으로 설치하는 경우 망의 내민 길이는 벽면으로부터 3미터 이상**되도록 할 것. 다만, 그물코가 20밀리미터 이하인 망을 사용한 경우에는 낙하물방지망을 설치한 것으로 본다.

방망사의 강도

[표 1] 방망사의 신품에 대한 인장강도

그물코의 크기	방망의 종류(단위 : 킬로그램)	
(단위 : 센티미터)	매듭 없는 방망	매듭방망
10	240	200
5		110

[표 2] 방망사의 폐기 시 인장강도

그물코의 크기	방망의 종류(단위 : 킬로그램)	
(단위 : 센티미터)	매듭 없는 방망	매듭방망
10	150	135
5		60

2) **지지점의 강도**

① 방망 지지점은 600킬로그램의 외력에 견딜 수 있는 강도를 보유하여야 한다.
② 연속적인 구조물이 방망 지지점인 경우의 외력 계산

$$F = 200 \times B$$

여기에서 F는 외력(단위 : 킬로그램), B는 지지점간격(단위 : m)이다.

3) **정기시험**

방망의 정기시험은 사용개시 후 1년 이내로 하고, 그 후 6개월마다 1회씩 정기적으로 시험용사에 대해서 등속인장시험을 하여야 한다.

(2) 안전난간의 구조 및 설치요건

① 상부 난간대, 중간 난간대, 발끝막이판 및 난간기둥으로 구성할 것.
② 상부 난간대
- 상부 난간대는 바닥면 등으로부터 90센티미터 이상 지점에 설치
- 상부 난간대를 120센티미터 이하에 설치하는 경우 : 중간 난간대는 상부 난간대와 바닥면 등의 중간에 설치
- 120센티미터 이상 지점에 설치하는 경우 : 중간 난간대를 2단 이상으로 설치, 난간의 상하 간격은 60센티미터 이하가 되도록 할 것(다만, 난간기둥 간의 간격이 25센티미터 이하인 경우에는 중간 난간대를 설치하지 않을 수 있다.)

③ **발끝막이판**은 바닥면 등으로부터 10센티미터 이상의 높이를 유지할 것. (다만, 물체가 떨어지거나 날아올 위험이 없거나 그 위험을 방지할 수 있는 망을 설치하는 등 필요한 예방 조치를 한 장소는 제외)

④ **난간기둥**은 상부 난간대와 중간 난간대를 견고하게 떠받칠 수 있도록 적정한 간격을 유지할 것

⑤ 상부 난간대와 중간 난간대는 난간 길이 전체에 걸쳐 바닥면등과 평행을 유지할 것
⑥ 난간대는 지름 2.7센티미터 이상의 금속제 파이프나 그 이상의 강도가 있는 재료일 것
⑦ 안전난간은 구조적으로 가장 취약한 지점에서 가장 취약한 방향으로 작용하는 100킬로그램 이상의 하중에 견딜 수 있는 튼튼한 구조일 것

3. 추락방지 보호구

(1) 안전대의 구분 ✮✮

종 류	사용 구분
벨트식	1개 걸이용
	U자 걸이용
안전그네식	추락방지대
	안전블록

(2) 안전대의 선정 ✮

① U자 걸이용은 전주 위에서의 작업과 같이 발받침은 확보되어 있어도 불완전하여 체중의 일부는 U자 걸이로 하여 안전대에 지지하여야만 작업을 할 수 있으며, 1개 걸이의 상태로서는 사용하지 않는 경우에 선정해야 한다.
② 1개 걸이용은 안전대에 의지하지 않아도 작업할 수 있는 발판이 확보되었을 때 사용한다.

4. 토석붕괴 위험성

(1) 토석붕괴의 원인

토석붕괴의 외적원인 ✮✮	① 사면, 법면의 경사 및 기울기의 증가 ② 절토 및 성토 높이의 증가 ③ 공사에 의한 진동 및 반복 하중의 증가 ④ 지표수 및 지하수의 침투에 의한 토사 중량의 증가 ⑤ 지진, 차량, 구조물의 하중작용 ⑥ 토사 및 암석의 혼합층 두께
토석붕괴의 내적원인 ✮	① 절토 사면의 토질·암질 ② 성토 사면의 토질구성 및 분포 ③ 토석의 강도 저하

(2) 굴착작업 시 토사 등의 붕괴 또는 낙하에 의한 위험방지 조치
① 흙막이 지보공의 설치
② 방호망의 설치
③ 근로자의 출입 금지 등

(3) 굴착면의 기울기 및 높이 기준 ✈✈✈

지반의 종류	굴착면의 기울기
모래	1 : 1.8
연암 및 풍화암	1 : 1.0
경암	1 : 0.5
그 밖의 흙	1 : 1.2

(4) 잠함 또는 우물통의 내부에서 굴착작업 시 급격한 침하로 인한 위험방지 조치 ✈
① 침하관계도에 따라 굴착방법 및 재하량(載荷量) 등을 정할 것
② 바닥으로부터 천장 또는 보까지의 높이는 1.8미터 이상으로 할 것

(5) 잠함 등 내부에서의 굴착작업 시 준수사항 ✈
① 산소결핍의 우려가 있는 때에는 산소의 농도를 측정하는 자를 지명하여 측정하도록 할 것
② 근로자가 안전하게 오르내리기 위한 설비를 설치할 것
③ 굴착 깊이가 20미터를 초과하는 때에는 당해 작업장소와 외부와의 연락을 위한 통신설비 등을 설치할 것
※ 산소농도 측정결과 산소의 결핍이 인정되거나 굴착깊이가 20미터를 초과하는 때에는 송기를 위한 설비를 설치하여 필요한 양의 공기를 송급하여야 한다.

(6) 굴착작업 시 사전조사 및 작업계획서 내용 ✩✩

작업명	굴착작업
사전조사 ✩✩	① 형상·지질 및 지층의 상태 ② 균열·함수(含水)·용수 및 동결의 유무 또는 상태 ③ 매설물 등의 유무 또는 상태 ④ 지반의 지하 수위 상태
작업 계획서 내용 ✩	① 굴착방법 및 순서, 토사 반출 방법 ② 필요한 인원 및 장비 사용계획 ③ 매설물 등에 대한 이설·보호대책 ④ 사업장 내 연락방법 및 신호방법 ⑤ 흙막이 지보공 설치방법 및 계측계획 ⑥ 작업지휘자의 배치계획 ⑦ 그 밖에 안전·보건에 관련된 사항

(7) 흙막이 지보공을 설치한 때 점검사항 ✩✩
① 부재의 손상·변형·부식·변위 및 탈락의 유무와 상태
② 버팀대의 긴압의 정도
③ 부재의 접속부·부착부 및 교차부의 상태
④ 침하의 정도

5. 콘크리트 구조물 붕괴 안전대책

(1) 구축물 또는 시설물의 안전성 평가를 실시하여야 하는 경우 ✩
① 구축물 등의 인근에서 굴착·항타작업 등으로 침하·균열 등이 발생하여 붕괴의 위험이 예상될 경우
② 구축물 등에 지진, 동해(凍害), 부동침하(불동침하) 등으로 균열·비틀림 등이 발생하였을 경우
③ 구축물 등이 그 자체의 무게·적설·풍압 또는 그 밖에 부가되는 하중 등으로 붕괴 등의 위험이 있을 경우
④ 화재 등으로 구축물 등의 내력(耐力)이 심하게 저하 되었을 경우
⑤ 오랜 기간 사용하지 아니하던 구축물 등을 재사용하게 되어 안전성을 검토하여야 하는 경우
⑥ 구축물 등의 주요구조부에 대한 설계 및 시공 방법의 전부 또는 일부를 변경하는 경우
⑦ 그 밖의 잠재위험이 예상될 경우

6. 자동경보장치의 작업시작 전 점검 사항 ✖✖

① 계기의 이상 유무
② 검지부의 이상 유무
③ 경보장치의 작동상태

7. 터널지보공 설치 시 점검 항목 ✖✖

① 부재의 손상·변형·부식·변위 탈락의 유무 및 상태
② 부재의 긴압의 정도
③ 부재의 접속부 및 교차부의 상태
④ 기둥침하의 유무 및 상태

8. 발파작업 기준 ✖

① 얼어붙은 다이나마이트는 화기에 접근시키거나 그 밖의 고열물에 직접 접촉시키는 등 위험한 방법으로 융해하지 아니하도록 할 것
② 화약이나 폭약을 장전하는 경우에는 그 부근에서 화기를 사용하거나 흡연을 하지 않도록 할 것
③ 장전구(裝塡具)는 마찰·충격·정전기 등에 의한 폭발의 위험이 없는 안전한 것을 사용할 것
④ 발파공의 충진재료는 점토·모래 등 발화성 또는 인화성의 위험이 없는 재료를 사용할 것
⑤ 점화 후 장전된 화약류가 폭발하지 아니한 때 또는 장전된 화약류의 폭발 여부를 확인하기 곤란한 때에는 다음 각목의 사항을 따를 것
  ㉠ 전기뇌관에 의한 경우에는 발파모선을 점화기에서 떼어 그 끝을 단락시켜 놓는 등 재점화되지 않도록 조치하고 그 때부터 5분 이상 경과한 후가 아니면 화약류의 장전장소에 접근시키지 않도록 할 것
  ㉠ 전기뇌관 외의 것에 의한 경우에는 점화한 때부터 15분 이상 경과한 후가 아니면 화약류의 장전장소에 접근시키지 않도록 할 것
⑥ 전기뇌관에 의한 발파의 경우 점화하기 전에 화약류를 장전한 장소로부터 30미터 이상 떨어진 안전한 장소에서 전선에 대하여 저항측정 및 도통(導通)시험을 할 것

9. 터널 굴착작업의 사전조사 및 작업계획서 내용 ☆☆

사전조사 내용	보링(boring) 등 적절한 방법으로 낙반·출수(出水) 및 가스폭발 등으로 인한 근로자의 위험을 방지하기 위하여 미리 지형·지질 및 지층상태를 조사
작업계획서 내용 ☆☆	① 굴착의 방법 ② 터널지보공 및 복공(覆工)의 시공방법과 용수(湧水)의 처리방법 ③ 환기 또는 조명시설을 설치할 때에는 그 방법

10. 교량작업 및 채석작업 시 안전대책

(1) 사전조사 및 작업계획서의 내용

작업명	사전조사 내용	작업계획서 내용
교량 작업	-	가. 작업방법 및 순서 나. 부재(部材)의 낙하·전도 또는 붕괴를 방지하기 위한 방법 다. 작업에 종사하는 근로자의 추락 위험을 방지하기 위한 안전조치 방법 라. 공사에 사용되는 가설 철구조물 등의 설치·사용·해체 시 안전성 검토 방법 마. 사용하는 기계 등의 종류 및 성능, 작업방법 바. 작업지휘자 배치계획 사. 그 밖에 안전·보건에 관련된 사항
채석 작업 ☆☆	지반의 붕괴·굴착 기계의 굴러 떨어짐 등에 의한 근로자에게 발생할 위험을 방지하기 위한 해당 작업장의 지형·지질 및 지층의 상태	가. 노천굴착과 갱내굴착의 구별 및 채석방법 나. 굴착면의 높이와 기울기 다. 굴착면 소단(小段)의 위치와 넓이 라. 갱내에서의 낙반 및 붕괴방지 방법 마. 발파방법 바. 암석의 분할방법 사. 암석의 가공장소 아. 굴착기계 등의 종류 및 성능 자. 토석 또는 암석의 적재 및 운반방법과 운반경로 차. 표토 또는 용수(湧水)의 처리방법

11. 낙하 – 비래 예방대책

(1) 낙하 – 비래 위험방지 조치 ✦
① 낙하물방지망·수직보호망 또는 방호선반의 설치
② 출입금지구역의 설정
③ 보호구의 착용

(2) 낙하물방지망 또는 방호선반 설치 시 준수사항 ✦✦
① 설치높이는 10미터 이내마다 설치하고, 내민길이는 벽면으로부터 2미터 이상으로 할 것
② 수평면과의 각도는 20도 이상 30도를 이하를 유지할 것

(3) 투하설비의 설치 ✦
사업주는 높이가 3미터 이상인 장소로부터 물체를 투하하는 때에는 적당한 투하설비를 설치하거나 감시인을 배치하는 등 위험방지를 위하여 필요한 조치를 하여야 한다.

12. 굴삭장비(굴착기계)

(1) 셔블계 기계 ✦
① 파워 셔블(power shovel)[dipper shovel : 동력삽]
  ㉠ 기계가 서 있는 지반면보다 높은 곳의 땅파기에 적합하다.
  ㉡ 붐(boom)이 단단하여 굳은 지반의 굴착에도 사용된다.
② 드래그 셔블(drag shovel, 백호) : 기계가 서 있는 지면보다 낮은 장소의 굴착 및 수중굴착이 가능하다. 굳은 지반의 토질도 정확한 굴착이 된다.
③ 드래그라인(drag line)
  ㉠ 기계가 서있는 위치보다 낮은 장소의 굴착에 적당하고 굳은 토질에서의 굴착은 되지 않지만 굴착 반지름이 크다.
  ㉡ 작업범위가 광범위하고 수중굴착 및 연약한 지반의 굴착에 적합하다.
④ 클램셸(clamshell) : 수중굴착 및 가장 협소하고 깊은 굴착이 가능하며 호퍼(hopper)에 적당하다. 연약지반이나 수중굴착 및 자갈 등을 싣는데 적합하다.

13. 차량계 건설기계의 안전

(1) 차량 건설기계의 운전자 위치이탈 시 조치 ✭✭
① 포크, 버킷, 디퍼 등의 장치를 가장 낮은 위치 또는 지면에 내려 둘 것
② 원동기를 정지시키고 브레이크를 확실히 거는 등 갑작스러운 이동을 방지하기 위한 조치를 할 것
③ 운전석을 이탈하는 경우에는 시동키를 운전대에서 분리시킬 것

(2) 차량계 건설기계의 넘어짐(전도) 방지 조치 ✭✭
① 유도자 배치
② 지반의 부동침하방지
③ 갓길의 붕괴방지
④ 도로의 폭 유지

(3) 낙하물 보호구조의 설치 ✭
사업주는 토사 등이 떨어질 우려가 있는 등 위험한 장소에서 차량계 건설기계[불도저, 트랙터, 굴착기, 로더, 스크레이퍼, 덤프트럭, 모터그레이더, 롤러, 천공기, 항타기 및 항발기로 한정한다]를 사용하는 경우에는 해당 차량계 건설기계에 견고한 낙하물 보호구조를 갖춰야 한다.

14. 운반기계의 안전

(1) 차량계 하역운반기계 운전자가 운전위치 이탈 시 조치 ✭✭
① 포크, 버킷, 디퍼 등의 장치를 가장 낮은 위치 또는 지면에 내려 둘 것
② 원동기를 정지시키고 브레이크를 확실히 거는 등 갑작스러운 이동을 방지하기 위한 조치를 할 것
③ 운전석을 이탈하는 경우에는 시동키를 운전대에서 분리시킬 것. 다만, 운전석에 잠금장치를 하는 등 운전자가 아닌 사람이 운전하지 못하도록 조치한 경우에는 그러하지 아니하다.

(2) 차량계 하역운반기계 넘어짐(전도) 방지 조치 ✭✭
① 유도자 배치
② 지반의 부동침하방지
③ 갓길의 붕괴방지

(3) 차량계 하역운반기계에 화물적재시의 조치 ✈
① 하중이 한쪽으로 치우치지 않도록 적재할 것
② 구내운반차 또는 화물자동차의 경우 화물의 붕괴 또는 낙하에 의한 위험을 방지하기 위하여 화물에 로프를 거는 등 필요한 조치를 할 것
③ 운전자의 시야를 가리지 않도록 화물을 적재할 것
④ 화물을 적재하는 경우에는 최대적재량을 초과해서는 아니 된다.

(4) 차량계 하역운반기계 작업 시 작업지휘자 임무 ✈
① 작업 순서 및 그 순서마다의 작업 방법을 정하고 작업을 지휘할 것
② 기구 및 공구를 점검하고 불량품을 제거할 것
③ 해당 작업을 하는 장소에 관계 근로자가 아닌 사람이 출입하는 것을 금지할 것
④ 로프를 풀거나 덮개를 벗기는 작업을 행하는 때에는 적재함의 낙하할 위험이 없음을 확인한 후에 당해 작업을 하도록 할 것

15. 항타기 및 항발기의 안전기준

(1) 무너짐 방지조치 ✈
① 연약한 지반에 설치하는 경우에는 아웃트리거·받침 등 지지구조물의 침하를 방지하기 위하여 깔판·받침목 등을 사용할 것
② 시설 또는 가설물 등에 설치하는 때에는 그 내력을 확인하고 내력이 부족한 때에는 그 내력을 보강할 것
③ 아웃트리거·받침 등 지지구조물이 미끄러질 우려가 있는 때에는 말뚝 또는 쐐기 등을 사용하여 해당 지지구조물을 고정시킬 것
④ 궤도 또는 차로 이동하는 항타기 또는 항발기에 대하여는 불시에 이동하는 것을 방지하기 위하여 레일클램프 및 쐐기 등으로 고정시킬 것
⑤ 상단 부분은 버팀대·버팀줄로 고정하여 안정시키고, 그 하단 부분은 견고한 버팀·말뚝 또는 철골 등으로 고정시킬 것

(2) 권상용 와이어로프
① 항타기 또는 항발기의 권상용 와이어로프의 안전계수가 5이상이 아니면 이를 사용하여서는 아니 된다. ✈
② 권상용 와이어로프는 추 또는 해머가 최저의 위치에 있는 때 또는 널말뚝을 빼어내기 시작한 때를 기준으로 하여 권상장치의 드럼에 적어도 2회 감기고 남을 수 있는 충분한 길이일 것 ✈

(3) 권상기 및 도르래의 설치
① 항타기 또는 항발기의 권상장치의 드럼축과 권상장치로부터 첫번째 도르래의 축과의 거리를 권상장치의 드럼폭의 15배 이상으로 하여야 한다. ✈
② 도르래는 권상장치의 드럼의 중심을 지나야 하며 축과 수직면상에 있어야 한다. ✈

(4) 항타기, 항발기 조립하는 때 점검 사항 ✈
① 본체의 연결부의 풀림 또는 손상의 유무
② 권상용 와이어로프·드럼 및 도르래의 부착상태의 이상 유무
③ 권상장치의 브레이크 및 쐐기장치 기능의 이상 유무
④ 권상기의 설치상태의 이상 유무
⑤ 리더(leader)의 버팀 방법 및 고정상태의 이상 유무
⑥ 본체·부속장치 및 부속품의 강도가 적합한지 여부
⑦ 본체·부속장치 및 부속품에 심한 손상·마모·변형 또는 부식이 있는지 여부

(5) 항타기 또는 항발기를 조립하거나 해체하는 경우 준수사항
① 항타기 또는 항발기에 사용하는 권상기에 쐐기장치 또는 역회전방지용 브레이크를 부착할 것
② 항타기 또는 항발기의 권상기가 들리거나 미끄러지거나 흔들리지 않도록 설치할 것
③ 그 밖에 조립·해체에 필요한 사항은 제조사에서 정한 설치·해체 작업 설명서에 따를 것

16. 컨베이어의 안전

(1) 컨베이어의 방호장치 ✈✈✈

이탈 등의 방지장치	컨베이어 등을 사용하는 때에는 정전·전압강하 등에 의한 화물 또는 운반구의 이탈 및 역주행을 방지하는 장치를 갖추어야 한다.
비상정지 장치	컨베이어 등에 근로자의 신체의 일부가 말려드는 등 근로자에게 위험을 미칠 우려가 있는 때 및 비상시에는 즉시 컨베이어 등의 운전을 정지시킬 수 있는 장치를 설치하여야 한다.
덮개, 울의 설치	컨베이어 등으로부터 화물의 낙하로 인하여 근로자에게 위험을 미칠 우려가 있는 때에는 당해 컨베이어 등에 덮개 또는 울을 설치하는 등 낙하방지를 위한 조치를 하여야 한다.

(2) 건널다리의 설치 ✖

운전 중인 컨베이어 등의 위로 근로자를 넘어가도록 하는 때에는 근로자의 위험을 방지하기 위하여 건널다리를 설치하는 등 필요한 조치를 하여야 한다.

(3) 컨베이어 작업시작 전 점검사항 ✖✖✖
① 원동기 및 풀리기능의 이상 유무
② 이탈 등의 방지장치기능의 이상 유무
③ 비상정지장치 기능의 이상 유무
④ 원동기·회전축·기어 및 풀리 등의 덮개 또는 울 등의 이상 유무

17. 고소작업대의 안전

(1) 고소작업대를 설치하는 때에는 다음 각 호에 해당하는 것을 설치하여야 한다.
① 와이어로프 또는 체인의 안전율은 5 이상일 것 ✖
② 압력의 이상저하를 방지할 수 있는 구조일 것
③ 권과방지장치를 갖추거나 압력의 이상상승을 방지할 수 있는 구조일 것
④ 붐의 최대 지면경사각을 초과 운전하여 전도되지 않도록 할 것
⑤ 작업대에 정격하중(안전율 5 이상)을 표시할 것
⑥ 가드 또는 과상승방지장치를 설치할 것
⑦ 조작반의 스위치는 눈으로 확인할 수 있도록 명칭 및 방향표시를 유지할 것

(2) 악천후 시 작업 중지 ✖
비·눈 그 밖의 기상상태의 불안정으로 인하여 날씨가 몹시 나쁠 때에 10미터 이상의 높이에서 고소작업대를 사용함에 있어 근로자에게 위험을 미칠 우려가 있는 때에는 작업을 중지하여야 한다.

18. 구내운반차의 준수사항 ✖
① 주행을 제동하고 또한 정지 상태를 유지하기 위하여 유효한 제동장치를 갖출 것
② 경음기를 갖출 것
③ 운전석이 차 실내에 있는 것은 좌우에 한 개씩 방향지시기를 갖출 것
④ 전조등과 후미등을 갖출 것. 다만, 작업을 안전하게 하기 위하여 필요한 조명이 있는 장소에서 사용하는 구내운반차에 대해서는 그러하지 아니하다.
⑤ 구내 운반차가 후진 중에 주변의 근로자 또는 차량계 하역운반기계 등과 충돌할 위험이 있는 경우에는 구내운반차에 후진 경보기와 경광등을 설치할 것

19. 지게차

(1) 방호장치 ✗

① **헤드가드** : 지게차에는 **최대하중의 2배(4톤을 넘는 값에 대해서는 4톤으로 한다)**에 해당하는 등분포정하중(等分布靜荷重)에 견딜 수 있는 강도의 헤드가드를 설치하여야 한다.
② **백레스트** : 지게차에는 포크에 적재된 화물이 마스트의 뒤쪽으로 떨어지는 것을 방지하기 위한 백레스트(backrest)를 설치하여야 한다.
③ **전조등, 후미등** : 지게차에는 **7천5백칸델라 이상의 광도를 가지는 전조등, 2칸델라 이상의 광도를 가지는 후미등**을 설치하여야 한다.
④ **안전벨트** : 다음 각 호의 요건에 적합한 안전벨트를 설치하여야 한다.
　㉠ 「산업표준화법에 따라 인증을 받은 제품」, 「품질경영 및 공산품안전관리법」에 따라 **안전인증을 받은 제품**, 국제적으로 인정되는 규격에 따른 제품 또는 국토해양부장관이 이와 동등 이상이라고 인정하는 제품일 것
　㉡ 사용자가 쉽게 잠그고 풀 수 있는 구조일 것

(2) 설치방법 ✗✗

헤드가드	① 상부 틀의 각 개구의 폭 또는 길이는 16센티미터 미만일 것 ② 운전자가 앉아서 조작하거나 서서 조작하는 지게차의 헤드가드는 한국산업표준에서 정하는 높이 기준 이상일 것 (좌식 : 903mm, 입식 : 1,905mm 이상)
백레스트	① 외부충격이나 진동 등에 의해 **탈락 또는 파손되지 않도록 견고하게 부착**할 것 ② 최대하중을 적재한 상태에서 **마스트가 뒤쪽으로 경사지더라도 변형 또는 파손이 없을 것**
전조등	① **좌우에 1개씩 설치**할 것 ② 등광색은 **백색**으로 할 것 ③ 점등 시 차체의 다른 부분에 의하여 가려지지 아니할 것
후미등	① 지게차 뒷면 양쪽에 설치할 것 ② 등광색은 **적색**으로 할 것 ③ 지게차 중심선에 대하여 **좌우대칭**이 되게 설치할 것 ④ 등화의 중심점을 기준으로 **외측의 수평각 45도**에서 볼 때에 투영면적이 12.5제곱센티미터 이상일 것

(3) 지게차의 안전조건

① 지게차의 안정도

$$W \times a < G \times b (M_1 < M_2)$$

W : 화물중량   a : 앞바퀴 ~ 화물중심까지 거리
G : 지게차 자체 중량   b : 앞바퀴 ~ 차 중심까지 거리

② 전 경사각 : 마스터의 수직위치에서 앞으로 기울인 경우 최대경사각 5~6°
③ 후 경사각 : 마스터의 수직위치에서 뒤로 기울인 경우 최대경사각 10~12°

(4) 지게차 작업 시의 안정도

안정도	지게차의 상태	
하역작업 시의 전·후 안정도 : 4% 이내 (5t 이상 : 3.5%)		(위에서 본 경우)
주행 시의 전·후 안정도 : 18% 이내		
하역작업 시의 좌·우 안정도 : 6% 이내		(밑에서 본 경우)
주행 시의 좌·우 안정도 : (15+1.1V)% 이내 최대 40%(V : 최고속도 km/h)		
안정도 = $\dfrac{h}{l} \times 100(\%)$		

20. 운전 위치를 이탈하여서는 안되는 기계

① 양중기
② 항타기 또는 항발기(권상장치에 하중을 건 상태)
③ 양화장치(화물을 적재한 상태)

21. 작업시작 전 점검 ✿✿✿

지게차의 작업시작 전 점검	① 하역장치 및 유압장치 기능의 이상 유무 ② 제동장치 및 조종장치 기능의 이상 유무 ③ 바퀴의 이상 유무 ④ 전조등, 후미등, 방향지시기, 경보장치 기능의 이상 유무
구내운반차의 작업시작 전 점검	① 제동장치 및 조종장치 기능의 이상 유무 ② 하역장치 및 유압장치 기능의 이상 유무 ③ 바퀴의 이상 유무 ④ 전조등·후미등·방향지시기 및 경음기 기능의 이상 유무 ⑤ 충전장치를 포함한 홀더 등의 결합상태의 이상 유무
화물 자동차의 작업시작 전 점검	① 제동 장치 및 조종 장치의 기능 ② 하역 장치 및 유압 장치의 기능 ③ 바퀴의 이상 유무
고소작업대의 작업시작 전 점검	① 비상정지장치 및 비상하강방지장치 기능의 이상 유무 ② 과부하방지장치의 작동 유무(와이어로프 또는 체인구동방식의 경우) ③ 아웃트리거 또는 바퀴의 이상 유무 ④ 작업면의 기울기 또는 요철 유무

제5장 비계·거푸집 가시설 위험방지

1. 강관비계(강관을 이용한 단관비계의 구조) ✿✿

(1) 강관비계의 구조
① 비계기둥 간격 : 띠장방향에서는 1.85m 이하, 장선방향에서는 1.5m 이하로 할 것
다만, 다음 각 목의 어느 하나에 해당하는 작업의 경우에는 안전성에 대한 구조검토를 실시하고 조립도를 작성하면 **띠장 방향 및 장선 방향으로 각각 2.7미터 이하**로 할 수 있다.

가. 선박 및 보트 건조작업
나. 그 밖에 장비 반입·반출을 위하여 공간 등을 확보할 필요가 있는 등 **작업의 성질상 비계기둥 간격에 관한 기준을 준수하기 곤란한 작업**
② **띠장간격 : 2.0미터 이하로 할 것**(다만, 작업의 성질상 이를 준수하기가 곤란하여 쌍기둥 틀 등에 의하여 해당 부분을 보강한 경우에는 그러하지 아니하다)
③ **비계기둥의 제일 윗부분으로 부터 31m되는 지점 밑 부분의 비계기둥은 2본의 강관으로 묶어 세울 것**(다만, 브라켓(bracket), 까치발) 등으로 보강하여 2개의 강관으로 묶을 경우 이상의 강도가 유지되는 경우에는 그러하지 아니하다)
④ **비계기둥 간의 적재하중은 400kg을 초과하지 않도록 할 것**

(2) 강관비계 조립 시의 준수사항
① 비계기둥에는 **미끄러지거나 침하하는 것을 방지하기 위하여 밑받침철물을 사용**하거나 **깔판·받침목 등을 사용하여 밑둥잡이를 설치할 것**
② 강관의 **접속부 또는 교차부는 적합한 부속철물을 사용하여 접속하거나 단단히 묶을 것**
③ **교차가새로 보강할 것**
④ 외줄비계·쌍줄비계 또는 돌출비계의 벽이음 및 버팀 설치
 • 조립간격 : **수직방향에서 5m 이하, 수평방향에서 5m 이하**
 • 강관·통나무 등의 재료를 사용하여 견고한 것으로 할 것
 • 인장재와 압축재로 구성되어 있는 때에는 **인장재와 압축재의 간격을 1미터 이내로 할 것**
⑤ 가공전로에 근접하여 비계를 설치하는 때에는 가공전로를 이설, 절연용 방호구 장착하는 등 **가공전로와의 접촉 방지 조치할 것**

3. 틀비계(강관 틀비계) 조립 시 준수사항 ✄
① **밑둥에는 밑받침철물을 사용**하여야 하며 밑받침에 고저차가 있는 경우에는 조절형 밑받침철물을 사용하여 **항상 수평 및 수직을 유지하도록 할 것**
② 높이가 20미터를 초과하거나 중량물의 적재를 수반하는 작업을 할 경우에는 **주틀간의 간격이 1.8미터 이하로 할 것**
③ **주틀간에 교차가새를 설치하고 최상층 및 5층 이내마다 수평재를 설치할 것**
④ **벽이음 간격(조립간격) : 수직방향 6m, 수평방향으로 8m미터 이내마다 할 것**
⑤ 길이가 띠장방향으로 4m 이하이고 높이가 10m를 초과하는 경우에는 **10m 이내마다 띠장방향으로 버팀기둥을 설치할 것**

4. 비계 조립간격(벽이음 간격) ✰✰✰

비계 종류		수직방향	수평방향
강관 비계	단관비계	5m	5m
	틀비계(높이 5m미만인 것 제외)	6m	8m

5. 달기체인 등 사용 금지 항목 ✰✰

사용 금지 사항 ✰✰	
와이어로프	① 이음매가 있는 것 ② 와이어로프의 한 꼬임(스트랜드 : strand)에서 끊어진 소선의 수가 10퍼센트 이상(비자전로프의 경우에는 끊어진 소선의 수가 와이어로프 호칭지름의 6배 길이 이내에서 4개 이상이거나 호칭지름 30배 길이 이내에서 8개 이상)인 것 ③ 지름의 감소가 공칭지름의 7퍼센트를 초과하는 것 ④ 꼬인 것 ⑤ 심하게 변형되거나 부식된 것 ⑥ 열과 전기충격에 의해 손상된 것
달기체인	① 달기 체인의 길이가 달기 체인이 제조된 때의 길이의 5퍼센트를 초과한 것 ② 링의 단면지름이 달기 체인이 제조된 때의 해당 링의 지름의 10퍼센트를 초과하여 감소한 것 ③ 균열이 있거나 심하게 변형된 것
화물자동차의 짐걸이 등으로 사용하는 섬유로프	① 꼬임이 끊어진 것 ② 심하게 손상 또는 부식된 것
달비계에 사용하는 섬유로프 또는 안전대의 섬유벨트	① 꼬임이 끊어진 것 ② 심하게 손상되거나 부식된 것 ③ 2개 이상의 작업용 섬유로프 또는 섬유벨트를 연결한 것 ④ 작업높이보다 길이가 짧은 것

6. 말비계 조립 시의 준수사항(말비계의 구조) ✖✖

① 지주부재의 하단에는 미끄럼 방지장치를 하고, 양측 끝부분에 올라 서서 작업하지 아니하도록 할 것
② 지주부재와 수평면과의 기울기를 75도 이하로 하고, 지주부재와 지주부재 사이를 고정시키는 보조부재를 설치할 것
③ 말비계의 높이가 2미터를 초과할 경우에는 작업발판의 폭을 40센티미터 이상으로 할 것

7. 이동식 비계 조립 시의 준수사항(이동식 비계의 구조) ✖✖

① 바퀴에는 갑작스러운 이동 또는 전도를 방지하기 위하여 브레이크·쐐기 등으로 바퀴를 고정시킨 다음 비계의 일부를 견고한 시설물에 고정하거나 아웃트리거를 설치하는 등 필요한 조치를 할 것
② 승강용사다리는 견고하게 설치할 것
③ 비계의 최상부에서 작업을 할 때에는 안전난간을 설치할 것
④ 작업발판은 항상 수평을 유지하고 작업발판 위에서 안전난간을 딛고 작업을 하거나 받침대 또는 사다리를 사용하여 작업하지 않도록 할 것
⑤ 작업발판의 최대적재하중은 250킬로그램을 초과하지 않도록 할 것

8. 시스템 비계 ✖✖

(1) 시스템 비계의 구조
① 수직재·수평재·가새재를 견고하게 연결하는 구조가 되도록 할 것
② 비계 밑단의 수직재와 받침철물은 밀착되도록 설치하고, 수직재와 받침철물의 연결부의 겹침길이는 받침철물 전체길이의 3분의 1 이상이 되도록 할 것
③ 수평재는 수직재와 직각으로 설치하여야 하며, 체결 후 흔들림이 없도록 견고하게 설치할 것
④ 수직재와 수직재의 연결철물은 이탈되지 않도록 견고한 구조로 할 것
⑤ 벽 연결재의 설치 간격은 제조사가 정한 기준에 따라 설치할 것

(2) 시스템 비계 조립 시의 준수 사항
① 비계 기둥의 밑둥에는 밑받침 철물을 사용하여야 하며, 밑받침에 고저차가 있는 경우에는 조절형 밑받침 철물을 사용하여 시스템 비계가 항상 수평 및 수직을 유지하도록 할 것

② 경사진 바닥에 설치하는 경우에는 피벗형 받침 철물 또는 쐐기 등을 사용하여 밑받침 철물의 바닥면이 수평을 유지하도록 할 것
③ 가공전로에 근접하여 비계를 설치하는 경우에는 가공전로를 이설하거나 가공전로에 절연용 방호구를 설치하는 등 가공전로와의 접촉을 방지하기 위하여 필요한 조치를 할 것
④ 비계 내에서 근로자가 상하 또는 좌우로 이동하는 경우에는 반드시 지정된 통로를 이용하도록 주지시킬 것
⑤ 비계작업 근로자는 같은 수직면상의 위와 아래 동시 작업을 금지할 것
⑥ 작업발판에는 제조사가 정한 최대적재하중을 초과하여 적재해서는 아니 되며, 최대적재하중이 표기된 표지판을 부착하고 근로자에게 주지시키도록 할 것

9. 걸침비계 설치 시의 준수사항(걸침비계의 구조)

① 지지점이 되는 매달림 부재의 고정부는 구조물로부터 이탈되지 않도록 견고히 고정할 것
② 비계재료 간에는 서로 움직임, 뒤집힘 등이 없어야 하고, 재료가 분리되지 않도록 철물 또는 철선으로 충분히 결속할 것. 다만, 작업발판 밑 부분에 띠장 및 장선으로 사용되는 수평부재 간의 결속은 철선을 사용하지 않을 것
③ 매달림 부재의 안전율은 4 이상일 것
④ 작업발판에는 구조검토에 따라 설계한 최대적재하중을 초과하여 적재하여서는 아니 되며, 그 작업에 종사하는 근로자에게 최대적재하중을 충분히 알릴 것

10. 비계작업 시 안전조치사항

(1) 달비계 또는 높이 5미터 이상의 비계 조립·해체 및 변경 시 준수사항 ✈

① 관리감독자의 지휘 하에 작업하도록 할 것
② 조립·해체 또는 변경의 시기·범위 및 절차를 그 작업에 종사하는 근로자에게 교육할 것
③ 조립·해체 또는 변경작업구역 내에는 당해 작업에 종사하는 근로자외의 자의 출입을 금지시키고 그 내용을 보기 쉬운 장소에 게시할 것
④ 비·눈 그 밖의 기상상태의 불안정으로 인하여 날씨가 몹시 나쁠 때에는 그 작업을 중지시킬 것

⑤ 비계재료의 연결·해체작업을 하는 때에는 폭 20센티미터 이상의 발판을 설치하고 근로자로 하여금 **안전대를** 사용하도록 하는 등 근로자의 추락방지를 위한 조치를 할 것
⑥ 재료·기구 또는 공구 등을 올리거나 내리는 때에는 근로자로 하여금 달줄 또는 **달포대** 등을 사용하도록 할 것

(2) 비계조립 · 해체 · 변경 후 작업시작 전 점검사항 ✖✖
① 발판재료의 손상여부 및 부착 또는 걸림상태
② 당해비계의 연결부 또는 접속부의 풀림상태
③ 연결재료 및 연결철물의 손상 또는 부식상태
④ 손잡이의 탈락여부
⑤ 기둥의 침하·변형·변위 또는 흔들림 상태
⑥ 로프의 부착상태 및 매단장치의 흔들림 상태

11. 작업통로의 종류 및 설치기준

(1) 가설통로 설치 시의 준수사항(가설통로의 구조) ✖✖
① 견고한 구조로 할 것
② 경사는 30도 이하로 할 것(계단을 설치하거나 높이 2미터 미만의 가설통로로서 튼튼한 손잡이를 설치한 때에는 그러하지 아니하다)
③ 경사가 15도를 초과하는 때는 미끄러지지 아니하는 구조로 할 것
④ 추락의 위험이 있는 장소에는 안전난간을 설치할 것(작업상 부득이한 때에는 필요한 부분에 한하여 임시로 이를 해체할 수 있다)
⑤ 수직갱 : 길이가 15미터 이상인 때에는 10미터 이내마다 계단참을 설치할 것
⑥ 건설공사에 사용하는 높이 8미터 이상인 비계다리 : 7미터 이내마다 계단참을 설치할 것

(2) 사다리식 통로 설치 시의 준수사항(사다리식 통로의 구조) ✖✖
① 견고한 구조로 할 것
② 심한 손상·부식 등이 없는 재료를 사용할 것
③ 발판의 간격은 일정하게 할 것
④ 발판과 벽과의 사이는 15센티미터 이상의 간격을 유지할 것
⑤ 폭은 30센티미터 이상으로 할 것
⑥ 사다리가 넘어지거나 미끄러지는 것을 방지하기 위한 조치를 할 것
⑦ 사다리의 상단은 걸쳐놓은 지점으로부터 60센티미터 이상 올라가도록 할 것

⑧ 사다리식 통로의 길이가 10미터 이상인 경우에는 5미터 이내마다 계단참을 설치할 것
⑨ 사다리식 통로의 기울기는 75도 이하로 할 것. 다만, 고정식 사다리식 통로의 기울기는 90도 이하로 하고, 그 높이가 7미터 이상인 경우에는 다음 각 목의 구분에 따른 조치를 할 것
  - 등받이울이 있어도 근로자 이동에 지장이 없는 경우 : 바닥으로부터 높이가 2.5미터 되는 지점부터 등받이울을 설치할 것
  - 등받이울이 있으면 근로자가 이동이 곤란한 경우 : 한국산업표준에서 정하는 기준에 적합한 개인용 추락 방지 시스템을 설치하고 근로자로 하여금 한국산업표준에서 정하는 기준에 적합한 전신안전대를 사용하도록 할 것
⑩ 접이식 사다리 기둥은 사용 시 접혀지거나 펼쳐지지 않도록 철물 등을 사용하여 견고하게 조치할 것

12. 계단의 설치 ✪✪

(1) 계단의 강도 : 계단 및 계단참의 강도는 500kg/m² 이상이어야 하며 안전율(안전의 정도를 표시하는 것으로서 재료의 파괴응력도와 허용응력도와의 비를 말한다)은 4 이상으로 하여야 한다.
(2) 계단의 폭 : 1미터 이상
(3) 계단참의 높이 : 높이가 3m를 초과하는 계단에는 높이 3m 이내마다 진행방향으로 길이 1.2미터 이상의 계단참을 설치해야 한다.
(4) 천장의 높이 : 바닥면으로부터 높이 2미터 이내의 공간에 장애물이 없도록 하여야 한다.
(5) 계단의 난간 : 높이 1미터 이상인 계단의 개방된 측면에 안전난간을 설치하여야 한다.

13. 사다리의 설치 ✪✪

(1) 이동식 사다리

이동식 사다리의 구조 ✪
① 길이가 6미터를 초과해서는 안 된다. ② 다리의 벌림은 벽 높이의 1/4 정도가 적당하다. ③ 벽면 상부로부터 최소한 60센티미터 이상의 연장길이가 있어야 한다.

(2) 추락 방지 ✈

사업주는 추락을 방지하기 위하여 작업발판 및 추락방호망을 설치하기 곤란한 경우에는 근로자로 하여금 3개 이상의 버팀대를 가지고 지면으로부터 안정적으로 세울 수 있는 구조를 갖춘 이동식 사다리를 사용하여 작업을 하게 할 수 있다. 이 경우 사업주는 근로자가 다음 각 호의 사항을 준수하도록 조치해야 한다.

① 평탄하고 견고하며 미끄럽지 않은 바닥에 이동식 사다리를 설치할 것
② 이동식 사다리의 넘어짐을 방지하기 위해 다음 각 목의 어느 하나 이상에 해당하는 조치를 할 것
  - 이동식 사다리를 견고한 시설물에 연결하여 고정할 것
  - 아웃트리거(outrigger, 전도방지용 지지대)를 설치하거나 아웃트리거가 붙어있는 이동식 사다리를 설치할 것
  - 이동식 사다리를 다른 근로자가 지지하여 넘어지지 않도록 할 것
③ 이동식 사다리의 제조사가 정하여 표시한 이동식 사다리의 최대사용하중을 초과하지 않는 범위 내에서만 사용할 것
④ 이동식 사다리를 설치한 바닥면에서 높이 3.5미터 이하의 장소에서만 작업할 것
⑤ 이동식 사다리의 최상부 발판 및 그 하단 디딤대에 올라서서 작업하지 않을 것(다만, 높이 1미터 이하의 사다리는 제외한다.)
⑥ 안전모를 착용하되, 작업 높이가 2미터 이상인 경우에는 안전모와 안전대를 함께 착용할 것
⑦ 이동식 사다리 사용 전 변형 및 이상 유무 등을 점검하여 이상이 발견되면 즉시 수리하거나 그 밖에 필요한 조치를 할 것

14. 작업발판 설치기준 ✦✦

높이가 2미터 이상인 작업장소에는 다음 각 호의 기준에 적합한 작업발판을 설치하여야 한다.
① 발판재료 : 작업 시의 하중을 견딜 수 있도록 견고한 것으로 할 것
② 발판의 폭 : 40cm 이상으로 하고, 발판재료 간의 틈 : 3cm 이하로 할 것
③ 추락의 위험성이 있는 장소에는 안전난간을 설치할 것
④ 작업발판의 지지물 : 하중에 의하여 파괴될 우려가 없는 것을 사용할 것
⑤ 작업발판재료는 뒤집히거나 떨어지지 아니하도록 2 이상의 지지물에 연결하거나 고정시킬 것
⑥ 작업에 따라 이동시킬 때에는 위험방지 조치를 할 것
⑦ 선박 및 보트 건조작업에서 선박블록 또는 엔진실 등의 좁은 작업공간에 작업발판을 설치하는 경우 : 작업발판의 폭을 30센티미터 이상으로 할 수 있고, 걸침비계의 경우 발판재료 간의 틈을 3센티미터 이하로 유지하기 곤란하면 5센티미터 이하로 할 수 있다.

15. 거푸집 구비조건 ✦

① 거푸집은 조립·해체·운반이 용이할 것
② 최소한의 재료로 여러번 사용할 수 있는 형상과 크기일 것
③ 수분이나 모르타르 등의 누출을 방지할 수 있는 수밀성이 있을 것
④ 시공 정확도에 알맞은 수평·수직·직각을 견지하고 변형이 생기지 않는 구조일 것
⑤ 콘크리트의 자중 및 부어넣기 할 때의 충격과 작업하중에 견디고, 변형을 일으키지 않을 강도를 가질 것

16. 거푸집 동바리의 조립 시 준수사항 ✦

(1) 거푸집 조립 시의 안전조치
① 거푸집을 조립하는 경우에는 거푸집이 콘크리트 하중이나 그 밖의 외력에 견딜 수 있거나, 넘어지지 않도록 견고한 구조의 긴결재(콘크리트를 타설할 때 거푸집이 변형되지 않게 연결하여 고정하는 재료를 말한다), 버팀대 또는 지지대를 설치하는 등 필요한 조치를 할 것
② 거푸집이 곡면인 경우에는 버팀대의 부착 등 그 거푸집의 부상(浮上)을 방지하기 위한 조치를 할 것

(2) 동바리 조립 시의 안전조치

① 받침목이나 깔판의 사용, 콘크리트 타설, 말뚝박기 등 동바리의 침하를 방지하기 위한 조치를 할 것
② 동바리의 상하 고정 및 미끄러짐 방지 조치를 할 것
③ 상부·하부의 동바리가 동일 수직선상에 위치하도록 하여 깔판·받침목에 고정시킬 것
④ 개구부 상부에 동바리를 설치하는 경우에는 상부하중을 견딜 수 있는 견고한 받침대를 설치할 것
⑤ U헤드 등의 단판이 없는 동바리의 상단에 멍에 등을 올릴 경우에는 해당 상단에 U헤드 등의 단판을 설치하고, 멍에 등이 전도되거나 이탈되지 않도록 고정시킬 것
⑥ 동바리의 이음은 같은 품질의 재료를 사용할 것
⑦ 강재의 접속부 및 교차부는 볼트·클램프 등 전용철물을 사용하여 단단히 연결할 것
⑧ 거푸집의 형상에 따른 부득이한 경우를 제외하고는 깔판이나 받침목은 2단 이상 끼우지 않도록 할 것
⑨ 깔판이나 받침목을 이어서 사용하는 경우에는 그 깔판·받침목을 단단히 연결할 것

동바리로 사용하는 파이프서포트의 조립 시 준수사항 ★★

- 파이프서포트를 3개본 이상 이어서 사용하지 아니하도록 할 것
- 파이프서포트를 이어서 사용할 때에는 4개 이상의 볼트 또는 전용철물을 사용하여 이을 것
- 높이가 3.5미터를 초과하는 경우에는 높이 2미터 이내마다 수평연결재를 2개 방향으로 만들고 수평연결재의 변위를 방지할 것

시스템 동바리의 경우

- 수평재는 수직재와 직각으로 설치해야 하며, 흔들리지 않도록 견고하게 설치할 것
- 연결철물을 사용하여 수직재를 견고하게 연결하고, 연결 부위가 탈락 또는 꺾어지지 않도록 할 것
- 수직 및 수평하중에 의한 동바리의 구조적 안전성이 확보되도록 조립도에 따라 수직재 및 수평재에는 가새재를 견고하게 설치할 것
- 동바리 최상단과 최하단의 수직재와 받침철물은 서로 밀착되도록 설치하고 수직재와 받침철물의 연결부의 겹침길이는 받침철물 전체 길이의 3분의 1 이상 되도록 할 것

17. 거푸집 및 동바리의 조립·해체 등 작업 시의 준수사항

① 해당 작업을 하는 구역에는 관계 근로자가 아닌 사람의 출입을 금지할 것
② 비·눈 그 밖의 기상상태의 불안정으로 인하여 날씨가 몹시 나쁜 경우에는 그 작업을 중지할 것
③ 재료·기구 또는 공구 등을 올리거나 내릴 때에는 근로자로 하여금 달줄·달포대 등을 사용하도록 할 것
④ 낙하·충격에 의한 돌발적 재해를 방지하기 위하여 버팀목을 설치하고 거푸집동바리 등을 인양장비에 매단 후에 작업을 하도록 하는 등 필요한 조치를 할 것

18. 거푸집 조립 및 해체 순서 ☆

① 조립순서 : 기둥 → 보받이 내력벽 → 큰보 → 작은보 → 바닥 → (내벽) → (외벽)
② 해체순서 : 바닥 → 보 → 벽 → 기둥
③ 조립작업은 조립 → 검사 → 수정 → 고정을 주기로 하여 부분을 요약해서 행하고 전체를 진행하여 나가야 한다.

19. 흙막이 계측 위치 선정

① 지반조건이 충분히 파악되어 있고, 구조물의 전체를 대표할 수 있는 곳
② 중요구조물 등 지반에 특수한 조건이 있어서 공사에 따른 영향이 예상되는 곳
③ 교통량이 많은 곳. 다만, 교통 흐름의 장해가 되지 않는 곳
④ 지하수가 많고, 수위의 변화가 심한 곳
⑤ 시공에 따른 계측기의 훼손이 적은 곳

제6장. 공사 및 작업 종류별 안전

1. 해체공사의 사전조사 및 작업계획서 내용 ✿✿

작업명	사전조사 내용	작업계획서 내용
구축물, 건축물, 그 밖의 시설물 등의 해체작업	해체건물 등의 구조, 주변 상황 등	가. 해체의 방법 및 해체 순서도면 나. 가설설비·방호설비·환기설비 및 살수·방화 설비 등의 방법 다. 사업장 내 연락방법 라. 해체물의 처분계획 마. 해체작업용 기계·기구 등의 작업계획서 바. 해체작업용 화약류 등의 사용계획서 사. 그 밖에 안전·보건에 관련된 사항

2. 양중기의 안전

(1) 양중기(산업안전보건법 기준)의 종류 ✿✿✿

① 크레인[호이스트(hoist)를 포함한다.]
② 이동식 크레인
③ 리프트(이삿짐운반용 리프트의 경우에는 적재하중이 0.1톤 이상인 것으로 한정한다)
④ 곤돌라
⑤ 승강기

(2) 양중기의 방호장치 ✿✿✿

크레인	• 과부하방지장치 • 권과방지장치(捲過防止裝置) • 비상정지장치 • 제동장치 〈기타 방호장치〉 • 훅의 해지장치 • 안전밸브(유압식)

이동식 크레인	• 과부하방지장치 • 권과방지장치(捲過防止裝置) • 비상정지장치 • 제동장치 〈기타 방호장치〉 • 훅의 해지장치 • 안전밸브(유압식)
리프트 (자동차정비용 리프트 제외)	• 권과방지장치 • 과부하방지장치 • 비상정지장치 • 제동장치 • 조작반(盤) 잠금장치
곤돌라	• 과부하방지장치 • 권과방지장치(捲過防止裝置) • 비상정지장치 • 제동장치
승강기	• 과부하방지장치 • 권과방지장치(捲過防止裝置) • 비상정지장치 • 제동장치 • 파이널리미트스위치 • 출입문인터록 • 속도조절기(조속기)

- 양중기 공통 방호장치 : 과부하방지장치, 권과방지장치, 비상정지장치, 제동장치
- 추가 설치
  리프트(자동차정비용 제외) : 조작반잠금장치
  승강기 : 파이널리미트스위치, 출입문인터록, 속도조절기(조속기)

(3) 악천후 시 조치 ☆☆☆☆

① 순간풍속이 초당 10미터를 초과하는 경우 : 타워크레인의 설치·수리·점검 또는 해체작업을 중지
② 순간풍속이 초당 15미터를 초과하는 경우 : 타워크레인의 운전작업을 중지

③ 순간풍속이 초당 30미터를 초과하는 바람이 불어올 우려가 있는 경우 : 옥외에 설치되어 있는 주행 크레인에 대하여 이탈방지장치를 작동시키는 등 **이탈방지를 위한 조치**
④ 순간풍속이 초당 30미터를 초과하는 바람이 불거나 중진(中震) 이상 진도의 지진이 있은 후 : 옥외에 설치되어 있는 양중기를 사용하여 작업을 하는 경우에는 미리 기계 각 부위에 이상이 있는지를 점검
⑤ 순간풍속이 초당 35미터를 초과하는 바람이 불어 올 우려가 있는 경우 : 옥외에 설치되어 있는 승강기 및 건설용 리프트(지하에 설치되어 있는 것은 제외한다)에 대하여 받침의 수를 증가시키는 등 **승강기가 무너지는 것을 방지하기 위한 조치**

(4) 작업시작 전 점검사항

크레인	① 권과방지장치 · 브레이크 · 클러치 및 운전장치의 기능 ② 주행로의 상측 및 트롤리가 횡행(橫行)하는 레일의 상태 ③ 와이어로프가 통하고 있는 곳의 상태
이동식 크레인	① 권과방지장치 그 밖의 경보장치의 기능 ② 브레이크 · 클러치 및 조정장치의 기능 ③ 와이어로프가 통하고 있는 곳 및 작업장소의 지반상태
리프트	① 방호장치 · 브레이크 및 클러치의 기능 ② 와이어로프가 통하고 있는 곳의 상태
곤돌라	① 방호장치 · 브레이크의 기능 ② 와이어로프 · 슬링와이어 등의 상태

(5) 타워크레인의 작업계획서 내용(설치 · 조립 · 해체작업)
① **타워크레인의 종류 및 형식**
② **설치 · 조립 및 해체순서**
③ 작업도구 · 장비 · 가설설비(假設設備) 및 **방호설비**
④ 작업인원의 구성 및 작업근로자의 **역할 범위**
⑤ **타워크레인의 지지 방법**

(6) 양중기의 와이어로프 등 달기구의 안전계수 ✿✿✿

① 근로자가 탑승하는 운반구를 지지하는 달기와이어로프 또는 달기체인의 경우
: 10 이상
② 화물의 하중을 직접 지지하는 달기와이어로프 또는 달기체인의 경우
: 5 이상
③ 훅, 샤클, 클램프, 리프팅 빔의 경우 : 3 이상
④ 그 밖의 경우 : 4 이상

3. 콘크리트 타설작업의 안전

(1) 콘크리트의 타설 작업 시 준수사항 ✿
① 당일의 작업을 시작하기 전에 해당 작업에 관한 거푸집 동바리 등의 변형·변위 및 지반의 침하 유무 등을 점검하고 이상이 있으면 보수할 것
② 작업 중에는 감시자를 배치하는 등의 방법으로 거푸집 및 동바리의 변형·변위 및 침하 유무 등을 확인해야 하며, 이상이 있으면 작업을 중지하고 근로자를 대피시킬 것
③ 콘크리트의 타설작업 시 거푸집 붕괴의 위험이 발생할 우려가 있으면 충분한 보강조치를 할 것
④ 설계도서상의 콘크리트 양생기간을 준수하여 거푸집 및 동바리를 해체할 것
⑤ 콘크리트를 타설하는 경우에는 편심이 발생하지 않도록 골고루 분산하여 타설할 것

(2) 콘크리트의 측압 ✿✿
① 철골 or 철근량 적을수록 측압이 크다.
② 외기온도 낮을수록 측압이 크다.
③ 타설속도 빠를수록 측압이 크다.
④ 다짐이 좋을수록 측압이 크다.
⑤ 슬럼프 클수록 측압이 크다.
⑥ 콘크리트 비중이 클수록 측압이 크다.
⑦ 습도가 낮을수록 측압이 크다.

(3) 콘크리트 옹벽(흙막이 지보공)의 안정성 검토사항 ✿✿
① 전도에 대한 안정
② 활동에 대한 안정
③ 침하에 대한 안정(지반 지지력에 대한 안정)

4. 철골공사 작업의 안전

(1) 철골작업을 중지해야 하는 조건 ✿✿✿
① 풍속이 초당 10미터 이상인 경우
② 강우량이 시간당 1밀리미터 이상인 경우
③ 강설량이 시간당 1센티미터 이상인 경우

(2) 건립 중 강풍에 의한 풍압 등 외압에 대한 내력이 설계에 고려되었는지 확인하여야 할 대상(자립도 검토대상) ✿
① 높이 20미터 이상의 구조물
② 구조물의 폭과 높이의 비가 1 : 4 이상인 구조물
③ 단면구조에 현저한 차이가 있는 구조물
④ 연면적당 철골량이 50킬로그램/평방미터 이하인 구조물
⑤ 기둥이 타이플레이트(tie plate)형인 구조물
⑥ 이음부가 현장용접인 구조물

5. 인력운반 시 준수사항

① 1인당 무게는 25킬로그램 정도가 적절하며, 무리한 운반을 삼가하여야 한다.
② 2인 이상이 1조가 되어 어깨메기로 하여 운반하는 등 안전을 도모하여야 한다.
③ 긴 철근을 부득이 한 사람이 운반할 때에는 한쪽을 어깨에 메고 한쪽 끝을 끌면서 운반하여야 한다.
④ 운반할 때에는 양끝을 묶어 운반하여야 한다.
⑤ 내려놓을 때는 천천히 내려놓고 던지지 않아야 한다.
⑥ 공동 작업을 할 때에는 신호에 따라 작업을 하여야 한다.

6. 취급·운반의 5원칙 ✖

① 직선 운반을 할 것
② 연속 운반을 할 것
③ 운반 작업을 집중화시킬 것
④ 생산을 최고로 하는 운반을 생각할 것
⑤ 최대한 시간과 경비를 절약할 수 있는 운반 방법을 고려할 것

7. 하역작업의 안전수칙

(1) 하역작업장의 조치기준

① 작업장 및 통로의 위험한 부분에는 안전하게 작업할 수 있는 조명을 유지할 것
② 부두 또는 안벽의 선을 따라 통로를 설치하는 경우에는 폭을 90센티미터 이상으로 할 것 ✖
③ 육상에서의 통로 및 작업장소로서 다리 또는 선거(船渠) 갑문(閘門)을 넘는 보도(步道) 등의 위험한 부분에는 안전난간 또는 울타리 등을 설치할 것

(2) 화물의 적재 시의 준수사항 ✖

① 침하 우려가 없는 튼튼한 기반 위에 적재할 것
② 건물의 칸막이나 벽 등이 화물의 압력에 견딜 만큼의 강도를 지니지 아니한 경우에는 칸막이나 벽에 기대어 적재하지 않도록 할 것
③ 불안정할 정도로 높이 쌓아 올리지 말 것
④ 하중이 한쪽으로 치우치지 않도록 쌓을 것

(3) 항만하역작업의 안전수칙 ✦

① 갑판의 윗면에서 선창 밑바닥까지의 깊이가 1.5미터를 초과하는 선창의 내부에서 화물취급 작업을 하는 때에는 그 작업에 종사하는 근로자가 안전하게 통행할 수 있는 설비를 설치하여야 한다. 다만, 안전하게 통행할 수 있는 설비가 선박에 설치되어 있는 때에는 그러하지 아니한다. ✦

② 300톤급 이상의 선박에서 하역작업을 하는 경우에 근로자들이 안전하게 오르내릴 수 있는 현문(舷門) 사다리를 설치하여야 하며, 이 사다리 밑에 안전망을 설치하여야 한다. 현문 사다리는 견고한 재료로 제작된 것으로 너비는 55센티미터 이상이어야 하고, 양측에 82센티미터 이상의 높이로 방책을 설치하여야 하며, 바닥은 미끄러지지 않도록 적합한 재질로 처리되어야 한다. ✦

MEMO

MEMO